1 먹을거리의 기본은 맛입니다. 몸에 좋은 먹을거리도 맛이 있어야 즐겁습니다.
  살림로하스는 좋은 재료 자체의 맛을 살리는 최소한의 레시피로 건강한 맛을 추구합니다.

2 모든 먹을거리는 믿을 수 있는 재료로 만든 건강한 요리여야 합니다.
  살림로하스의 모든 레시피는 몸에 좋지 않은 것은 아무것도 넣지 않아 걱정 없이 즐길 수 있습니다.

3 요리는 즐거워야 합니다. 레시피에 얽매이다 보면 요리가 어렵게 느껴집니다.
  재료 중 준비하기 어려운 것은 비슷한 맛이 나는 것으로 대체하거나 넣지 않아도 무방합니다.
  좋아하는 재료를 더 넣어도 좋습니다. 살림로하스의 레시피를 가이드라인으로 삼아 자기만의
  요리 스타일을 살려 보세요. 단 요리 초보자라면 레시피대로 하는 것이 좋습니다.

4 이 책의 요리 재료는 모두 2인분을 기준으로 만들었습니다.

자연과 사람을 공경하는 당신이 아름답습니다!

살림Life

자연에 사랑을 더하다

# 우리 아이 자연간식

방영아

살림Life

자연에 사랑을 더하다

# 우리 아이
# 자연간식

방영아

살림Life

# 에코人이 함께 만든 책!
# 먼저 읽어 봤어요!

**곽남희** | 경기도 군포시 군포2동

아이들에게 간식을 먹일 때 가장 걱정되는 것이 유해물질입니다. 요즘은 워낙 가공식품이나 식품첨가물이 다양해서 자칫 잘못하면 몸에 해로운 음식을 주게 되니까요. 이 책에는 엄마들이 꼭 알아야 할 환경문제와 식품첨가물에 대한 부분이 잘 설명이 되어서 많은 도움이 되었습니다. 소개된 요리 또한 가공식품과 첨가물을 배제한 재료를 사용해서 마음이 놓이더군요. 특히 콩이나 해산물을 이용한 건강 간식은 다른 책에서 보기 어려운 색다른 주제라서 신선하고 좋았습니다.

**남효** | 전라북도 전주시 덕진구 동산동

균형 잡힌 영양 간식을 만드는 구체적인 방법과 필요성이 보기 좋게 나와 있는 책입니다. 패밀리 레스토랑의 인기 품목인 기름진 음식, 여름이면 아이들이 찾는 색소 범벅의 빙과류, 바삭하고 맛있지만 식품첨가물이 많이 들어간 빵과 쿠키. 무조건 먹지 말라고 하기보다는 책에 나온 것처럼 집에서 건강하게 만들어 주면 아이도 엄마도 즐거울 것 같네요.

**장지혜** | 서울시 강남구 도곡2동

먹을거리가 불안한 요즘, 아이들의 건강을 해치는 것이 무엇인가를 알아 내고 경계하는 태도가 필요하다는 것을 짚어 줍니다. 재료를 다듬는 도구와 요리를 담는 용기까지 신경 써야 한다는 내용 등 미처 알지 못했던 부분을 알게 되기도 했습니다. 건강과 영양, 두 마리 토끼를 잡으려 노력하는 요즘 어머니들의 고민을 해결해 주는 고마운 책입니다.

※ 「살림로하스」 원고 모니터링에 참여해 주신 한살림, 파주두레생협, 마포두레생협 조합원 100여 분께 감사드립니다.

# 아이는 엄마의 사랑과 자연을 먹습니다

음식을 만들고 연구하는 직업을 가진 저는 참으로 행복한 일을 한다고 생각하며, 늘 감사한 마음으로 지내고 있습니다. 특히, 만 세 살이 된 아들에게 간식을 만들어 주는 시간은 더더욱 즐겁고 행복한 시간입니다. 간식이라고 해서 거창한 음식을 만드는 것은 아닙니다. 아이가 식재료의 본맛을 충분히 느끼게끔 만들되 부드럽고 소화가 잘 되도록 정성을 들이는 것뿐입니다. 요즘은 일하는 엄마들이 많다 보니 매일 간식을 만들어 주는 것이 힘들 수도 있겠지만, 주말이라도 시간을 내어 아이들과 함께 재미있고 즐거운 간식을 만들어 보는 것도 좋겠습니다.

얼마 전, 초등학교 근처의 가게에서 아이들의 먹을거리를 조사해 보았더니, 열량은 너무나 높고 영양은 턱없이 부족한 음식이 태반이었다는 뉴스를 접했습니다. 아이들이 즐겨 먹는 햄버거나 피자, 과자 등이 성장하는 아이들에게 필요한 영양 기준치에 턱없이 못 미치는 데다 식품첨가물이 많이 들어가서 문제가 많다는 내용이었습니다. 아이들은 학교 근처에서 손쉽게 접하는 이런 음식들에 아무런 방어막 없이 노출되어 있습니다. 방과 후 학원 시간에 쫓기다 보니 간편하고 쉽게 살 수 있는 고열량, 저영양 음식들을 사 먹게 됩니다. 성장하는 아이들은 영양이 풍부한 음식을 많이 먹어야 하는데, 어린 아이를 둔 엄마로서 참 가슴 아픈 일입니다.

한창 성장하는 아이들에게 적정한 열량과 영양을 공급해 주기 위해서는 시판 간식을 대신해 엄마표 건강 간식을 만들어 주는 것이 좋습니다. 늘 바쁘게 지내는 엄마들이기는 하지만 아이가 성장할 때 필요한 영양소를 충분히 공급해 줄 수 있도록 양질의 간식을 만들어 먹이는 것은 어떨까요? 조금은 손이 가고 귀찮을 수도 있으나 우리 아이들의 건강이 달린 문제이니 좀 더 적극적으로 노력할 필요가 있을 듯합니다.

간식을 만들 때는 우선 식재료가 가진 본래의 맛을 충분히 살려서 만드는 것이 좋습니다. 아이들에게 좋은 먹을거리가 많다는 것을 알려 주면서 재료 본연의 맛을 충분히 느끼고 좋아할 수 있도록 말입니다. 더불어 아이의 성장 상태에 따라 열량이나 조리방법을 선택하는 것이 좋습니다. 또 가끔은 맛있는 간식이 어떻게 만들어지는지, 아이들과 함께 재료를 만지고 느끼면서 요리하는 시간을 나누는 것도 좋을 것입니다. 엄마가 만들어 주는 간식을 맛있게 먹으면서 건강하게 크고 있는 아이와 사랑하는 남편, 그리고 늘 요리를 하는 데 힘을 실어 주시는 나의 어머니에게 감사한 마음을 전하고 싶습니다. 간식을 만드는 시간은 엄마의 사랑과 정성을 듬뿍 담아 주는 시간이니, 이 시간을 즐기며 아이들과 행복한 추억을 많이 쌓아 가길 바랍니다.

방영아

# 한눈에 보는 레시피

Contents
# 차 례

## 아이 간식을 준비하기 전에

## 파티시에 엄마의 빵, 과자 & 떡

## 외식하는 기분 내는 특별한 간식

## 콩과 해산물로 만드는 건강 간식

## 사시사철 즐기는 차가운 간식

# 아이 간식을 준비하기 전에

미각은 유난히 추억에 의지하는 법.
어릴 때 맛있게 먹은 음식은 평생 기억에 남아 즐거움을 주고
세 살 입맛은 여든까지 간다.
어릴 때 인스턴트 음식에 맛을 붙이느냐
엄마가 직접 만들어 준 자연의 음식을 즐기느냐가
평생의 식습관과 건강을 좌우한다.

# 우리 아이들이 먹을
# 고마운 음식

아이에게 음식은 뛰어 놀 수 있는 에너지를 주는 기본적인 역할 외에도 많은 일을 한다. 왕성한 식욕을 가진 아이들의 즐거움이 되어 주고, 자라고 있는 뼈와 살을 만들어 몸이 되어 주며, 평생 건강을 책임질 식습관도 만들어 준다. 또 시각, 청각, 후각, 미각, 촉각의 오감을 발달시키는데 어떤 장난감이나 교구, 책보다 큰 역할을 하는 것도 음식이다.

보고 만지는 기본적인 감각 외에도 혀로 느낄 수 있는 단맛, 짠맛, 신맛, 쓴맛에, 코로 느낄 수 있는 고소한 맛과 다양한 향, 압각으로 느끼는 떫은맛, 통증의 일종인 매운맛, 아린 맛까지, 음식은 자라나는 아이의 모든 감각을 자극한다.

그만큼 아이의 음식은 더 안전하고 다양해야 한다. 아이들에게 건강한 몸을 유지할 수 있는 습관을 만들어 주는 것, 새콤달콤 짭조름한 단순한 맛에만 길들여지지 않고, 타고난 섬세한 감각을 잃지 않도록 다양한 자연의 맛들을 전해 주는 것은 그 어떤 교육보다 중요하다.

아이를 키우는 것에서 가장 중요한 것은 역시 먹이는 일. 먹이는 데 정성을 다하지 않으면서 지식 교육이나 학습에 치중해서 아이를 제대로 키울 수 있을까? 식품첨가물이 가득한 가공식품이나 질 낮은 재료로 정성 없이 대량생산한 업체의 음식 대신, 자연 그대로에 엄마의 정성만 더하여 아이에게 먹여 주자. 사랑이 담긴 음식을 주는 것은 건강한 몸과 습관을 만들고, 뛰어난 감각의 소유자로 만들며, 사랑과 정성을 아는 아이로 키우는 간단한 비결이다.

**건강한 간식을 만드는 원칙**

- 조리 과정을 줄여 통으로, 자연 그대로 먹는다.
- 아이들과 함께 만들거나 만드는 과정을 보여 준다.
- 쌈채소나 콩류 등 기르기 쉬운 채소는 직접 키워서 먹는다.
- 화려하게 장식하여 먹이지 않는다.
- 턱관절 발달과 사회성 형성을 위해 개인접시에 작게 잘라 주지 않는다.
- 억지로 먹이지 말고 부모가 먼저 즐기며 모범을 보인다.
- 간식은 식사를 방해하지 않도록 오후에만 조금씩 준다.

# 아이들이 좋아하는 단맛

아이들은 유난히 단 음식을 좋아한다.
그래서인지 인기 있는 간식들도 대개 단맛이다.
하지만 아이들이 좋아한다고 무작정 줄 수는 없는 노릇.
시중에 있는 단 음식 속에는 많은 위험이 숨어 있으니 주의해야 한다.
보다 건강하게 단맛을 낼 수 있는 방법을 찾아보자.

## 단맛을 찾는 아이들

단맛을 원하는 것은 미각이 가지는 본능이다. 당분은 몸
의 에너지원이 되기 때문에 사람들은 본능적으로 단맛이
많이 나는 과일이나 채소를 선호한다. 양파나 당근, 고구
마의 단맛으로도 충분히 본능을 만족시킬 수 있지만 단
맛을 강하게 낼 수 있는 설탕과 합성감미료가 개발되면
서 지나치게 단 요리들이 만들어져 아이의 입맛을 유혹
하고 있다. 정제되고 합성된 감미료의 지나친 단맛은 몸
과 정신의 건강을 해치는 중독적인 맛이다. 아이들이 이
런 지나친 단맛에 길들여지지 않도록 조심하고 보다 안
전한 재료로 요리하는 것이 중요하다.

단맛을 낼 때는 정제당 대신 꿀이나 조청 같은 미네랄이
풍부한 다당류를 이용하고, 과일은 물론, 고구마, 당근,
양파, 단호박, 애호박, 양배추, 쌈배추, 완두콩 같은 재료
로 자연스럽고 건강한 단맛을 자주 접하게 해 주자. 미리
나오는 풋과일이나 철 이른 과일보다는 철을 넘겨 충분
히 익은 과일과 제철에 나온 채소가 단맛이 강하다.

## 무서운 단맛, 설탕

한국 사람이 1년 동안 먹는 설탕의 양은 자그마치 27킬
로그램 정도로 1년 동안 먹는 밀가루의 양 30킬로그램과
비슷하다. 정제 설탕은 당도가 높고 몸에 들어오는 대로
바로 흡수되는 단당류이기에 먹으면 급격히 혈당이 올라
간다. 혈당이 높아지면 우리 몸은 혈당을 정상으로 돌리
기 위해 급하게 인슐린을 분비하는데, 지나치게 많이 분
비된 인슐린이 다시 우리 몸에 저혈당 증세를 일으키는
악순환이 일어난다. 이렇게 혈당이 급격하게 오르내리는
과정에서 집중력 저하, 우울증, 불안증, 폭력, 신경질 등
의 반응이 일어나고, 때문에 단맛을 지나치게 즐기는 아
이는 정서가 불안하고 공격성이 강하기 쉽다.

또 설탕은 열량이 높기도 하지만 소화되면서 몸속 비타
민과 칼슘을 소비하기 때문에 아이들에게 비만을 일으키
고 성장은 저해한다. 아무리 칼슘이 풍부한 음식을 챙겨
먹여도 설탕을 많이 먹으면 설탕이 칼슘을 빼앗아 가고
열량만 남길 뿐이다. 그렇다고 합성감미료로 피할 수도
없다. 설탕을 대신할 건강 감미료로 각광 받았던 합성감
미료들의 부작용도 속속 밝혀지고 있으니 설탕이나 합성
감미료가 지나치게 많이 들어 있는 가공 식품은 아예 멀
리 하는 게 좋겠다.

## 단맛을 내는 재료들

**백설탕** | 사탕수수나 사탕무 원액에서 원심분리로 당을 추출한 뒤 화학 정제로 얻은 설탕. 순도가 높지만 가공 가정에서 미네랄이 거의 제거된다.

**황설탕** | 백설탕과 같은 방법으로 만드는데 더 오랜 시간 가공하여 색깔과 향이 진해진 설탕이다.

**흑설탕** | 정제하지 않은 흑설탕은 비타민과 미네랄이 풍부하지만 시판되는 일반 정제 흑설탕은 황설탕에 캐러멜을 첨가해서 인위적으로 색과 향을 높인 설탕이다.

**유기농 설탕** | 유기농 원재료에 정제, 가공 과정을 줄여 미네랄 함량은 높고 당도는 낮다.

**꿀** | 다당류이면서 비타민과 효소가 풍부하다. 살아있는 효소를 먹으려면 가열하지 않거나 저온에서 요리하는 게 좋다. 우리나라 꿀에서 발견된 사례는 없지만 보툴리누스균 포자에 오염된 꿀은 면역이 약한 아기에겐 위험하므로 돌 전 아기에게는 꿀을 주지 않는다.

**요리용 물엿** | 물엿에는 옥수수전분으로 만든 투명한 정제당과 설탕에 여러 당을 섞어 만든 갈색 물엿, 설탕으로 만드는 프락토올리고당과 옥수수로 만드는 이소말토올리고당 등이 있다. 대부분의 당이 소화효소에 의해 분해되어 소장에서 흡수되는 것과는 달리 올리고당은 분해되지 않고 대장까지 가서 비피더스균의 증식을 돕는다. 하지만 물엿 또한 정제당이라는 점과 옥수수의 유전자조작 가능성이 높다는 점에서 권장하지는 않는다.

**메이플시럽** | 북미산 사탕단풍나무의 수액을 농축시킨 시럽으로 향이 부드럽다.

**조청** | 엿기름에 쌀이나 수수, 좁쌀 등의 곡물을 삭혀 엿으로 굳어지기 전까지만 농축해서 만드는 전통 물엿이다. 다당류이고 천연비타민을 함유하고 있어 체내에 천천히 흡수된다. 한식 요리에서 건강한 단맛을 내 준다.

# 바삭바삭, 고소한 맛의 비밀

새우튀김, 핫도그, 돈가스, 프라이드치킨, 삼겹살 구이……. 고소함은 주로 지방 성분이 내는 냄새로 견과류나 생선, 육류, 기름으로 조리한 음식 등에서 느낄 수 있다. 인체는 열량 효율이 좋은 지방을 섭취하기 위해 고소한 맛을 탐하곤 한다. 그러나 고소한 맛을 극대화시킨 음식들이 또 다른 문제를 일으키니 주의를 늦춰선 안 된다.

### 트랜스지방의 유혹

트랜스지방은 기름을 높은 온도로 가열하거나 액체인 불포화지방산을 고체나 반고체로 가공하기 위해 수소를 첨가하는 과정에서 생성된 지방산이다. 한때 상온에서 액체인 불포화지방산이 고체인 포화지방산보다 건강에 좋다는 이유로 불포화지방산이 많은 식물성 기름에 수소를 첨가하여 굳힌 제품이 많이 개발되었는데 이러한 마가린, 쇼트닝 같은 고체 지방은 버터만큼 고소하고 바삭바삭한 맛을 내면서 가격은 싸서 오랫동안 사랑받아 왔다. 그러나 이제는 식물성 지방임에도 트랜스지방이 생겨 체내에서 포화지방산보다 더 많은 문제를 일으킨다는 것이 알려지면서 문제 식품으로 부각되었다. 트랜스지방은 잘 배설되지 않고 몸에 축적이 되어서 혈관질환을 일으킨다. 성장기 어린이에게는 심장, 뇌의 혈관을 좁히고 당뇨를 유발할 수도 있다. 고체 지방을 쓰지 않더라도 고소하고 바삭하게 튀겨진 음식에는 트랜스지방이 많다. 액체 기름도 고온에서 튀겨지는 동안 트랜스지방이 생기기 때문. 또 압착하지 않고 화학적으로 추출하여 정제한 식용유 자체도 고온에서 생산되므로 이미 트랜스지방을 함유한다.

### 엄마가 챙겨 주는 고소한 맛

보다 건강한 고소함을 즐기기 위해서는 동물성보다는 식물성 기름을, 액체로 추출한 기름보다는 견과류나 콩 그대로의 신선한 지방을 먹는 게 좋다. 요리를 위해 써야 하는 식용유는 신중하게 고르되 너무 많이 쓰지 않는다. 마가린이나 쇼트닝 같은 트랜스지방 덩어리는 아예 피하고, 튀김 요리를 먹는 횟수도 가능한 줄이자. 사 먹는 튀김은 어떤 종류의 기름을 썼는지 알 수 없을 뿐더러 반복해서 튀기는 동안 트랜스지방이나 발암물질이 늘어 점점 더 위험한 기름이 된다. 튀김 요리를 좋아하는 아이들에게는 가공식품이나 외식업체의 위험한 튀김 대신, 보다 안전한 기름으로 직접 튀김을 만들어 주자. 튀김 요리를 할 때는 유전자조작 가능성이 큰 대두유, 옥수수유를 피하고 현미유나 올리브오일을 이용하되 너무 높은 온도에서 튀기지 않도록 조심한다.

# 아이를 위협하는 식품첨가물

아이들 간식에서 가장 문제가 되는 것은 역시 식품첨가물이다. 상하지 않게, 맛있어 보이게, 맛있게 느껴지게 하는 역할을 하는 식품첨가물은 사실 먹을 사람이 아니라 파는 사람의 편의를 위해 만들어진 것. 그러나 그 피해는 고스란히 먹은 사람의 몸이 지고 만다.

### 식품첨가물의 부작용

식품첨가물은 안전성을 검사하여 허용 여부가 결정되지만 나라마다 잣대가 다르다. 우리나라의 경우 식품첨가물 사용에 아주 너그러운 편이다. 허가된 식품첨가물이 600종이 넘을 정도. 아직 다 알려지지 않은 식품첨가물 하나하나의 부작용이 밝혀지기를 기다리기 전에 자연물이 아닌 식품첨가물을 일단 경계부터 하는 게 낫다. 지금까지 알려진 식품첨가물의 부작용만도 과잉행동장애, 집중력 결핍, 알레르기, 중추신경마비, 출혈성 위염, 발암, 염색체 이상, 소화기 장애, 콩팥 장애, 뇌손상, 천식, 신경세포 파괴, 빈혈, 유전자 손상 등 끝이 없다. 특히 유산균음료, 청량음료, 이온음료, 강화우유, 슬라이스치즈, 소시지, 햄, 어묵, 과자, 아이스크림, 껌, 쥐포, 맛살, 빵 등에는 여러 가지 첨가물이 잔뜩 들어 있다. 거의 모든 가공식품에 첨가물이 들어가고 유기농이나 특정 첨가물의 무첨가를 표방하는 제품에도 다른 첨가물이 있는 경우가 있으니 꼼꼼히 확인하는 게 좋다.

## 대표적인 식품첨가물 화학조미료

향미증진제라고도 부르는 화학조미료는 감칠맛을 주면서 신맛과 쓴맛을 억제해 일정한 맛을 유지하게 하는 첨가물이다. MSG(Monosodium L-Glutamate)로 유명한 글루탐산나트륨은 다시마에서 발견하여 대량 생산하는 것으로, 수입 초기에 궁중에서 애용했을 정도로 한식 요리에 깊이 파고들었다. 신선하지 않은 재료로도 일정한 맛을 낼 수 있기 때문에 식당에서 많이 이용되고 간장, 맛술, 젓갈, 굴소스, 미소 같은 가공양념부터 이온음료에까지 광범위하게 사용된다. 중국, 일본, 동남아 등에서 수입되는 소스도 마찬가지다. 생선이나 육류의 맛에서 알아낸 이노신산과 버섯에서 발견한 구아닐산도 이노신산나트륨과 구아닐산나트륨으로 대량 생산되어 많이 쓰인다. 이들은 대부분 글루탐산나트륨과 같이 쓰여서 맛을 강하게 증폭시킨다. MSG를 쓰지 않았다고 하는 가공식품 중에는 향미증진제라는 이름으로 이노신산나트륨이나 구아닐산나트륨을 쓰는 것이 있다.

## 식품첨가물을 피하는 방법은?

가공식품과 외식을 가능한 줄이자. 첨가물로부터 안전한 가공식품과 식당은 찾기가 힘들다. 가공식품을 구입할 경우에는 재료에 자연물이 아닌 모르는 이름이 있는 것은 일단 피한다. 무슨 나트륨이라는 복잡한 이름은 대부분 합성첨가물이다. 또 무슨 시즈닝, 무슨 베이스 등, 재료명이 정확하지 않은 가공 양념이 들어간 것도 피한다. 대부분의 가공 양념에는 첨가물이 들어간다. 공장에서 나오는 과자와 달리 제과점에서 만드는 빵은 첨가물이 덜할 거라고 여겨지지만 식빵에서 케이크까지 대부분의 빵은 수십 가지의 첨가물로 부드러움과 고소한 맛을 유지한다. 그러니 아이 몸을 생각한다면 간식에서 빵을 줄이거나 간단한 빵을 직접 만들어 주는 것이 좋다. 우리밀 제과점 중에 첨가물 없이 빵을 만드는 곳을 이용하는 것도 한 방법이다. 요리할 땐 글루탐산이 많은 다시마, 이노신산이 많은 멸치나 가다랑어포, 육류, 구아닐산이 많은 버섯을 함께 끓여 육수를 내면 세 아미노산의 맛이 증폭되어 진한 감칠맛을 낼 수 있다.

---

### 식품첨가물의 종류

- 물과 기름을 잘 섞어 모양을 유지하게 하는 **유화제**
- 오래 유통해도 상하지 않도록 넣는 **방부제, 산화방지제, 산도조절제**
- 화려한 색깔을 내는 **타르 색소**와 맛깔스럽게 보이게 하는 **발색제**
- 맛을 내거나 더 강하게 하는 **향미증진제, 조미료**
- 설탕보다 훨씬 강한 단맛을 내는 **합성감미료**
- 빵과 과자를 부풀려 바삭하고 부드러운 맛을 주지만 중금속 함량이 높은 **팽창제**
- 두부, 과즙 등 거품이 많이 나는 재료가 제조 과정에서 끓어 넘치는 것을 막기 위해 넣는 **소포제**
- 음식을 깔끔하게 보이게 하는 **표백제**
- 유통기간을 늘리기 위한 **살균제**
- 영양을 보충하기 위한 **합성비타민**과 **아미노산, 미네랄**

# 밥그릇에 숨어 있는 환경호르몬

환경호르몬은 사람의 호르몬과 비슷한 화학구조로 농약, 플라스틱, 비닐, 합성세제를 통해 사람의 몸으로 들어 와서 마치 인체의 호르몬인 양 역할을 대신하면서 내분비계를 방해하고 생식 이상, 기능 저하, 암을 일으킨다. 또 필요할 때만 분비되고 역할을 다하면 분해, 배출되는 인체의 호르몬과 달리 수년에서 평생에 걸쳐 몸속에 남아 호르몬 역할을 해 대느라 질병을 일으키고 2세에까지 영향을 미친다. 어릴 때부터 환경호르몬에 노출되면 누적되는 양도 늘어나니 어린 아이들일수록 더 신경이 쓰일 수밖에 없다.

농약 걱정 없는 친환경 농산물을 이용하고, 합성제품 사용을 줄이는 게 아이들의 몸이나 지구에 환경호르몬을 덜 축적시키는 기본 방법. 환경호르몬은 열과 기름에 잘 용해되므로 가정에서는 가열하는 조리 기구나 그릇도 잘 선택해야 한다. 도마는 플라스틱 대신 나무로, 냄비나 프라이팬은 무쇠나 스테인리스 스틸로, 그릇은 옹기, 사기, 유리를 사용한다.

**플라스틱** | 열과 염분에 약해 환경호르몬이 음식에 스며든다. 뜨거운 음식을 담거나 장기간 짠 음식을 보관하는 경우 특히 피해야 한다.

**옹기** | 미세한 공기구멍이 있어 습기는 막아 주고 공기는 통하게 해서 발효가 잘 되고 음식의 맛을 좋게 한다. 유해물질이 나오는 유약을 쓴 옹기도 있으니 전통방식을 고수하는 업체의 것을 선택한다.

**스테인리스 스틸** | 녹(Stain)이 안 스는(less) 철(Steel)을 뜻한다. 크로뮴과 니켈 등을 철에 섞어 주조한 것으로 흔히 스텐이라고 부른다. 생산 에너지가 많이 들고 재활용이 어렵긴 하지만 열이나 염분에도 반응하지 않아 안전성은 높다. 무겁고 음식이 눌어붙기도 하지만 익숙해지면 오히려 요리가 쉬워진다.

**무쇠** | 녹방지를 하지 않은 무쇠 그대로 만든 솥이나 구이판으로 요리하면 열전도율이 높고 온도가 일정해 영양소 파괴가 적고 음식의 맛이 좋다. 녹이 슬지 않게 잘 관리해야 한다.

**유리** | 생산 에너지는 많이 들지만 재활용이 가능하고, 안전하다. 투명한 플라스틱과 혼동하지 않아야 한다.

**나무** | 생산 과정에서 에너지가 적게 들고 안전하다. 유해물질로 코팅되지 않은 것을 고르고 냄새가 배거나 곰팡이가 생길 수 있으니 햇볕에 자주 소독하는 게 좋다. 옻칠이 된 제품이 사용하기에 편하다.

**사기** | 재활용은 안 되지만 환경호르몬에서 안전하다.

**코팅팬** | 테프론 코팅된 팬이나 냄비는 환경호르몬인 PFOA(Perfluorooctanoic Acid) 성분이 나오는 문제로 논란이 된다. PFOA를 함유하지 않은 코팅팬도 조금씩 개발되고 있다.

**일회용품** | 나무젓가락과 이쑤시개는 표백제 사용으로 논란이 일고 있고 종이컵이나 종이접시는 코팅 플라스틱의 문제와 함께 엄청난 쓰레기를 만드는 문제가 있다. 무조건 안 쓰는 게 좋다.

---

### 환경호르몬을 피하려면

- 환경호르몬이 가장 많이 나오는 것은 농약이므로 농약에서 안전한 농축산물을 먹는다.
- 플라스틱이나 비닐 제품을 덜 쓰도록 노력한다.
- 합성세제와 화장품을 쓰지 말고 천연 재료로 만든 제품을 쓴다.
- 여러 경로를 거쳐 환경호르몬이 누적되었을 가공식품과 약품도 피한다.
- 스테인리스 스틸 냄비, 무쇠 솥, 유리컵, 사기그릇, 나무 도마를 사용한다.
- 동물은 지방에 환경호르몬을 축적시키니 동물성 지방을 많이 먹지 않는다.

# 못 견디게 가려운 알레르기 유발식품

이젠 흔한 질병이 된 아토피를 치료하는 가장 기본적인 방법은 역시 식이요법이다.
자연에 가까운 건강한 음식을 먹고, 알레르기 반응을 일으키는 식품을 최대한 피하는 자세가 필요하다.
알레르기를 유발하는 식품은 화학물이거나 고단백음식, 종자를 먹는 음식에서 많이 발견되니
증상을 보인다면 해당 식품을 찾아내 먹지 않도록 주의한다.

곡류 | 멥쌀, 찹쌀, 조 등 특정 종류에만 반응한다. 밥으로 먹어 지나칠 수 있으니 잘 관찰해야 한다.

달걀 | 대표적인 알레르기식품으로 흰자와 노른자에 다르게 반응할 수 있다.

우유, 유제품 | 원유에 알레르기를 보여도 치즈나 요구르트 같은 발효 유제품에서는 알레르기를 일으키지 않은 경우도 있다.

육류 | 돼지고기와 닭고기에 많이 반응하고 소고기 알레르기는 드문 편. 육류에 바로 반응을 보이지 않더라도 알레르기 체질이라면 육식이 체질 개선을 방해할 수 있다.

밀가루 | 밀단백질인 글루텐 알레르기도 있지만 방부, 표백 처리된 수입밀에만 알레르기를 보이는 경우도 있다. 글루텐 알레르기가 아니라면 우리밀로 대체할 수 있다.

콩 | 대두, 완두콩, 강낭콩 등 종류에 따라 다르게 반응한다.

과일 | 껍질에 털이 많은 키위, 복숭아나 작은 씨를 같이 먹는 토마토, 딸기 등에 많다.

갑각류 | 게나 새우 같은 갑각류에 반응을 보이는 갑각류 알레르기는 익히지 않고 먹을 경우 심하게 나타난다.

견과류 | 견과류 알레르기는 드물지만 완쾌가 잘 되지 않고 성인기까지 남아 있는 비율이 높아서 주의해야 한다. 조직이 단단해서 어린 아이들이 먹다 기도가 막히는 사고도 가끔씩 일어나므로 잘 씹을 수 있을 만큼 커서 주는 게 좋다.

식품첨가물 | 조미료와 방부제 등 화학첨가물은 알레르기 반응을 더 예민하게 만든다.

---

### 알레르기 대체식

알레르기 때문에 아이들의 단백질과 칼슘 부족이 걱정된다면 현미잡곡밥, 해조류, 버섯, 단단한 잎채소를 많이 챙겨 주자. 비타민과 미네랄이 풍부한 알칼리 식품으로 체질 개선을 도우면서 양질의 단백질과 칼슘을 제공한다.

# 가장 건강한 재료는
# 국산 친환경과 자연산

아이 음식은 친환경 농산물, 자연산 재료로 준비하자. 농약과 비료를 사용하는 농산물보다는 무농약, 유기농의 친환경 농산물이, 경작한 농산물보다는 자생한 것을 채취한 자연산이 더 강한 생명력을 가진다.

### 생명력 풍부한 친환경 농산물

해충이든 익충이든 식물에 벌레가 앉으면 식물은 효소를 분비해 벌레에게서 조금씩 양분을 흡수하여 자신의 특별한 영양소로 활용한다. 그러나 벌레가 오지 않게 농약을 친 농작물은 그런 것을 당연히 기대할 수 없다. 또 농약은 많이 씻고 껍질을 벗겨 내면 어느 정도 제거할 수 있지만 이렇게 먹으면 껍질에 풍부한 영양소는 물론, 자연이 주는 에너지도 얻을 수 없다. 해충을 막거나 생산량을 늘리기 위해, 또 유통기간 동안 상하지 않도록 뿌려 대는 농약은 그대로 사람에게 흡수되고 땅을 산성화하며 하천을 오염시켜 자연을 파괴하기도 한다. 유기농산물이 주목을 받으면서 수입 유기농산물이 쏟아져 국내의 친환경 농업을 힘들게 하고 있는데, 이동하는 동안 막대한 이산화탄소를 배출하는 수입 농산물이 친환경일 수는 없는 법. 국산 친환경 농산물을 이용하는 것이 우리 아이들의 건강도 지키고, 유기농산업을 밀어 환경도 지키는 길이 된다.

## 우리 땅에서 키운 로컬 푸드

지구를 살리는 로컬 푸드를 먹자. 유통 거리가 길지 않은 지역의 생산물을, 넓게는 국내산 농산물을 먹는 것이 멀리서 오기 위해 방부 처리된 농산물을 먹을 염려를 덜어준다. 또 먼 거리를 비행기로 이동하여 수입되는 과정에서 막대한 이산화탄소를 발생시켜 지구 환경 오염을 일으키는 것도 막을 수 있다. 국내에서 생산되는 식품이라면 환경성에서나 신선도, 우리 체질에 맞는 점에서 수입 식품보다 훨씬 건강에 좋다. 수입 과일은 대부분 완숙되기 전에 수확하고 방부 처리하여 들여온 후, 에틸렌 가스를 투여해 인위적으로 후숙한 뒤 유통되기 때문에 영양이나 안전성 면에서도 떨어진다. 열대 과일이 필요한 경우, 최근 다시 재배되는 거제산 파인애플, 제주산 바나나와 오렌지를 구하는 것이 좋다. 멜론, 블루베리, 레몬 등의 과일도 국내에서 조금씩 재배된다. 수입 키위보다는 국산 키위인 참다래를 찾아보자. 가격은 수입 농산물에 비해 비싸고, 대부분 가온 생산하기 때문에 에너지 소비 문제가 있지만 수입 식품에 비하면 친환경성과 안전성이 좋다. 수입 과일을 대신할 대체 과일을 쓰는 것도 한 방법. 국내산을 구하기 어려운 레몬 대신엔 호두알만한 제주산 영귤을 이용하면 레몬이나 라임보다 더 좋은 향을 얻을 수 있다. 네이블오렌지 대신 청견이나 한라봉 오렌지를 쓰는 것도 좋은 방법이다.

## 자연산 해산물

해산물의 경우 양식과 자연산, 국내산과 수입산이 같이 유통되는데 망망대해를 자유롭게 다닌 자연산 해산물과 갇혀서 지낸 양식 해산물은 당연히 맛과 영양이 다르다. 게다가 양식 어패류는 사료와 항생제, 소독제 등 약품의 안전성이, 수입 어패류의 경우 색소, 방부제, 수분증발 억제제 등의 문제가 있다. 양식이 많이 되는 우럭, 전어, 넙치, 장어, 전복, 바지락, 굴, 멍게, 홍합, 가리비, 연어, 미꾸라지 등은 잘 확인하고 선택한다. 양식종은 갇혀 지내느라 원래 모양에 비해 얼룩이나 반점이 많거나 흙냄새가 나는 게 많다. 또 오랫동안 건강하게 키우기 힘들기 때문에 대부분 크기가 작을 때 출하되므로 아주 큰 것은 자연산이 많다. 양식이 일반화되지 않은 다금바리, 도다리, 갈치, 고등어, 삼치, 가자미, 홍어, 오징어, 참소라 등은 대부분 자연산이다.

# 제대로 자란 제철 식품

하우스가 아닌 노지나 야생에서 계절에 맞게 자라 영양과 생명력이 풍부한 제철 음식을 찾아 쓰자. 꽃 피울 철에 꽃 피우고, 열매 맺을 철에 열매를 맺어 제대로 자란 제철 식품에 비하면, 제철이 아닌 식품은 계절의 변화에 따라 성장한 것이 아니라 영양이 적고, 지나친 에너지의 사용으로 환경도 파괴된다. 또 비닐하우스는 온도를 높이는 대신 태양광을 차단해서 광합성을 줄이므로 영양이 떨어지고, 자외선으로부터 스스로를 보호하기 위해 식물이 만들어 내는 항산화물질도 적다.

비닐하우스 재배가 일반화되면서 제철의 개념이 무너진 농작물도 많다. 초여름에 나오던 딸기는 노지재배가 거의 자취를 감추고 하우스에서 초봄에 출하된다. 제철의 기준이 많이 변화하고 있지만 가능한 하우스가 아닌 노지에서 자란 국산 농산물을 찾아보자.

## 봄

| 과일 | 채소 | 해산물 |
| --- | --- | --- |
| 앵두 | 달래 | 도다리 |
| 딸기 | 냉이 | 방어 |
| 오디 | 쑥 | 삼치 |
| | 씀바귀 | 학꽁치 |
| | 원추리나물 | 멸치 |
| | 죽순 | |
| | 두릅 | |
| | 머위 | |
| | 더덕 | |
| | 곤드레나물 | |
| | 엄나무순 | |
| | 곰취 | |

## 여름

| 과일 | 채소 | 해산물 |
| --- | --- | --- |
| 매실 | 애호박 | 농어 |
| 수박 | 호박잎 | 돌돔 |
| 참외 | 풋고추 | 전복 |
| 복숭아 | 깻잎 | 멍게 |
| 포도 | 콩잎 | 오징어 |
| 복분자 | 차조기 | |
| 산딸기 | 가지 | |
| | 오이 | |
| | 노각 | |
| | 열무 | |
| | 옥수수 | |

## 가을

| 과일 | 채소 | 해산물 |
| --- | --- | --- |
| 사과 | 마 | 전어 |
| 배 | 토란 | 고등어 |
| 감 | 우엉 | 낙지 |
| 대추 | 아욱 | 미꾸라지 |
| 밤 | 땅콩 | 문어 |
| 모과 | 표고버섯 | |
| 은행 | 송이버섯 | |
| 무화과 | 얼갈이 | |

## 겨울

| 과일 | 채소 | 해산물 |
| --- | --- | --- |
| 귤 | 배추 | 꼬막 |
| 유자 | 늙은호박 | 복어 |
| 키위 | 연근 | 넙치 |
| | | 굴 |
| | | 대게 |
| | | 빙어 |
| | | 대구 |
| | | 명태 |
| | | 아귀 |

# 초간단 자연 간식 제안

몸에 좋고 맛도 좋은 간식. 직접 만드는 간식은 품이 많이 들어 준비하기 어려울 거라는 편견을 버리자.
바쁜 엄마라도 쉽게 만들 수 있는 초간단 자연 간식을 소개한다.

**생채소** | 당근, 오이, 샐러리, 쌈배추 등을 생으로 길게 잘라 컵에 꽂아 주면 아삭아삭한 채소스틱이 된다.

**누룽지** | 누룽지가 없으면 맨밥을 프라이팬에 납작하게 펴서 구워 보자. 물을 조금 넣으면 쉽게 구울 수 있다.

**완두콩** | 꼬투리째로 깨끗이 씻어 10분만 찐다. 꼬투리를 까서 콩 빼 먹는 재미에 아이들이 좋아하는 간식.

**땅콩** | 볶지 않은 생땅콩을 껍질째 쪄서 먹으면 꼬투리 까는 재미도 좋고 딱딱하지 않아서 아이들이 먹기에 좋다.

과일 | 가능한 통째로, 껍질째 먹는 습관을 들인다. 그냥 먹는 게 제일 좋지만 얼려서 먹으면 아이스크림을 대신할 수 있다. 과즙을 내서 얼려도 되고 수박이나 멜론이 남았을 때 잘라서 그대로 막대를 꽂아 간단한 아이스바 형태로 얼려도 된다. 홍시나 거봉, 딸기도 그대로 얼려서 껍질만 벗겨 먹거나 갈아서 시원하게 즐길 수 있다.

고구마 | 통째로 찌거나 구워서 먹는 고구마는 늘 사랑받는 간식이다. 껍질째 먹으면 영양도 더하고 목이 메지도 않는다. 생고구마를 길게 자르고 갈변되지 않게 찬물에 담가 두었다 생고구마스틱으로 먹어도 맛있다.

감자 | 얇게 채 썰어서 물에 담가 두었다 생으로 먹어도 사각사각 맛있다. 껍질째 찌거나 구워서 먹는 방법 외에 얇게 썰어 오븐에서 살짝 굽거나 말려서 칩으로도 먹는 방법도 있다.

연근 | 가능한 얇게 썰어서 넉넉한 기름에 튀기듯 구워 내면 겉은 바삭바삭하고 속은 아삭아삭한 게 감자칩보다 더 맛있다. 밥반찬으로도 좋다.

볶은 콩 | 말린 대두나 쥐눈이콩을 마른 팬에서 볶아 먹으면 고소하다. 딱딱해서 씹는 재미가 있지만 어린 아이들은 기도가 막힐 수 있으니 조심한다. 시판되는 볶은 콩이나 튀밥에는 합성감미료가 많이 사용되니 확인한다.

단호박 | 껍질의 지저분한 부분만 칼로 쳐 내고 반 갈라 씨를 발라낸 후 껍질째 쪄서 먹는다. 껍질을 벗기지 말고 같이 먹어야 단맛이 더 살아난다. 발라낸 씨는 마른 행주로 잘 닦은 후 하루 정도 말리고 겉껍질을 까서 먹으면 시판되는 볶은 호박씨와는 비교도 안 되게 고소한 생호박씨를 즐길 수 있다.

밤 | 찌거나 구워서도 먹지만 껍질을 까서 생으로 먹으면 씹는 맛이 오독오독해서 아이들이 좋아한다. 구울 때는 뜨거운 공기에 부풀어 오른 껍질이 터지지 않게 겉껍질에 구멍이나 칼집을 내고 굽는다.

옥수수 | 삶아서 파는 옥수수에는 합성감미료가 많이 사용된다. 삶지 말고 찜통에 쪄서 먹으면 옥수수 고유의 단맛이 살아난다.

브로콜리 | 단단한 채소에는 칼슘이 많다. 한입 크기로 잘라 30초만 쪄서 먹으면 오독오독 씹히는 질감도 좋고 부드러운 맛도 좋다. 케첩이나 초고추장에 찍어 먹는 재미도 좋다.

애호박·가지 | 납작하게 썰어서 기름 두른 팬에 노릇하게 구워 먹는다. 소금 간을 하지 않아야 고유의 부드러운 단맛을 느낄 수 있다.

---

**자연 간식, 쉽게 즐기는 방법**

1 **생으로 그대로 먹는다.** 생으로 먹을 수 있으면 익히지 않고 자연 그대로 먹는 것이 최고!
2 **간단하게 쪄서 먹는다.** 고구마나 옥수수 등 단단한 채소는 삶는 것보다 찌는 것이 영양이나 맛의 손실이 적다.
3 **살짝 구워서 먹는다.** 고소하고 바삭한 맛을 살릴 수 있다.
4 **말려서 먹는다.** 건조기는 대부분 플라스틱으로 만들어져 가열하면 환경호르몬이 음식에 스며들 수 있다. 화석에너지를 쓰지 않고 환경호르몬에도 안전한 태양광으로 건조하는 게 좋다.
5 **시원하게 얼려서 먹는다.** 얼려서 아이스바로, 다시 갈아서 슬러시로 즐길 수 있다.

# 파티시에 엄마의 빵, 과자 & 떡

품은 좀 들지만 엄마가 직접 만들어 주는 빵과 과자, 떡으로
아이들의 입맛을 바로잡을 수 있다.
초보 엄마 파티시에를 위한 어렵지 않은 빵과 과자,
조금씩 만들 수 있는 떡을 소개한다.

# 발효 채소빵

여러 가지 채소를 넣어 맛과 영양을 살린 이스트 발효빵으로
제철 채소를 다양하게 응용할 수 있다. 아이들이 특히 좋아하는 재료는 조금 크게 썰고,
좋아하지 않는 재료는 잘게 다져서 넣는 것도 한 방법이다.

**재료**

| | |
|---|---|
| 우리밀 백밀가루 | 150g |
| 분유 | 1작은술 |
| 소금 | 1/2작은술 |
| 물 | 75cc |
| 설탕 | 2큰술 |
| 드라이이스트 | 1작은술 |
| 달걀 | 1개 |
| 버터 | 20g |
| 마요네즈 | 적당량 |
| 토마토케첩 | 적당량 |

**채소 속**

| | |
|---|---|
| 양파 | 50g |
| 당근 | 50g |
| 피망 | 1개 |
| 삶은 옥수수 | 3큰술 |
| 마요네즈 | 1큰술 |
| 소금 | 약간 |

1 우리밀과 분유, 소금을 섞어 함께 체에 내린다.

2 미지근한 물에 설탕을 녹인 다음 이스트를 넣고 랩을 씌워 5분 정도 발효시킨다. 버터는 실온에 두어 녹인다.

3 볼에 체 친 가루와 달걀 푼 것 반, 녹인 버터, 이스트 발효시킨 것을 부어 반죽한다. 부드럽고 말랑한 반죽이 되면 랩을 씌워 중탕으로 30분간 발효시킨다.

4 양파와 당근과 씨를 뺀 피망은 사방 0.5센티미터 크기로 썬다. 삶은 옥수수는 체에 밭쳐 뜨거운 물을 끼얹은 다음 물기를 완전히 뺀다.

5 4의 채소에 소금과 마요네즈를 넣어 섞는다.

6 반죽이 다 부풀면 손으로 눌러 가스를 빼고 다시 둥그렇게 뭉쳐 5분 정도 두었다가 1센티미터 두께로 넓은 직사각형이 되게 밀어 놓는다.

7 밀어 놓은 반죽에 붓으로 물을 칠한 후 5의 채소를 고르게 얹고 둥글게 말아 양끝을 잘 마무리한 다음 2센티미터 두께로 자른다.

8 빵틀에 7의 반죽을 한 덩어리씩 담아 30분 정도 2차 발효시킨다. 반죽이 다시 두 배로 부풀면 남은 달걀 물을 위에 바르고 마요네즈와 케첩으로 장식한다.

9 190도로 예열된 오븐에서 15분 정도 구워 낸다.

### 🕐 발효 온도는 일정하게

빵 반죽은 일정한 온도를 유지해야 발효가 잘 되므로 랩을 씌워서 온도가 떨어지지 않도록 하고 중탕한 물이 식으면 따뜻한 물을 더 부어 온도를 맞춘다.

# 완두롤빵

늦봄에서 초여름 사이가 제철인 완두콩은 영양도 좋고 아이들도 좋아하는 간식 재료.
푹 삶아서 체에 밭친 후 밀폐용기에 보관해 두었다 빵을 만들 때에 완두소로 이용하면 편리하다.

1 밀가루와 소금을 섞어서 체에 두세 번 내린다.

2 35도 정도의 따뜻한 물에 설탕과 드라이이스트를 넣고 발효시킨 후
체 친 밀가루에 조금씩 넣으면서 반죽을 한다.

3 반죽이 어느 정도 뭉쳐지면 도마로 옮겨 자연 상태로 녹은 버터를 넣
고 매끄럽게 될 때까지 잘 치댄 다음, 따뜻한 곳에 40분 정도 두어 1
차 발효시킨다.

4 반죽이 두 배 정도 부풀었을 때 손바닥으로 두드려 가스를 뺀다.

5 완두는 푹 삶은 다음 굵은 체에 으깨어 내린다. 체에 내린 완두를 냄
비에 담고 설탕을 넣어 조리다가 생크림을 넣고 살짝만 더 끓여 완두
소를 만든다.

6 4의 반죽을 도마 위에 놓고 2~3밀리미터 두께로 민 다음, 그 위에 완
두소를 얇게 바르고 둥글게 만다.

7 6을 1.5센티미터 두께로 잘라 도마 위에 얹어 크기가 두 배가 되도록
2차 발효시킨 다음 200도로 예열된 오븐에서 20분간 굽는다.

| 재료 | |
| --- | --- |
| 우리밀 백밀가루 | 100g |
| 우리밀 통밀가루 | 50g |
| 소금 | 1/3작은술 |
| 물 | 80cc |
| 설탕 | 1큰술 |
| 드라이이스트 | 1/2작은술 |
| 버터 | 20g |

| 완두소 | |
| --- | --- |
| 완두콩 | 2컵 |
| 설탕 | 1/2컵 |
| 생크림 | 2큰술 |

## ◉ 완두소는 부드럽게

완두는 삶아서 그대로 으깨면 껍질 때문에 거친 느낌이 있다. 푹 삶은
다음 체에 내리면 부드러운 완두소를 만들 수 있다.

# 마들렌

조개 모양의 마들렌은 쿠키 같기도 하고 작은 케이크 같기도 한 프랑스의 전통 과자이다.
레몬 껍질이 향긋하게 씹히면서 혀끝에서 녹는 맛이 달콤하다.
가루설탕을 살짝 뿌리면 장식 효과도 좋고, 달콤한 맛도 더해진다.

1 다 구운 후 마들렌이 잘 떨어지도록 미리 마들렌 틀에 녹인 버터를 바르고 밀가루를 살짝 뿌려 준비한다.

2 밀가루와 베이킹파우더는 체에 두세 번 내려놓고, 버터는 중탕으로 녹인다.

3 볼에 달걀을 넣고 충분히 거품을 낸 후 설탕을 조금씩 넣어가며 거품기로 섞는다. 거품기로 들어 올려 보아 리본 모양으로 떨어질 때까지 계속 거품을 낸다.

4 3의 반죽에 밀가루를 다시 한 번 체에 내리며 넣는다. 밀가루를 한 번에 다 섞지 말고 두 번에 나누어 섞는다.

5 깨끗이 씻은 레몬 껍질을 갈아 넣고 재빨리 섞은 다음 녹여 둔 버터를 주걱에 대고 전체에 고루 섞이도록 흘려 넣는다. 달걀 거품이 꺼지지 않게 가볍게 섞는다.

6 완성된 반죽을 1의 준비해 둔 틀에 숟가락으로 떠서 9부까지 담는다.

7 180도로 예열된 오븐에 넣어 20분간 구운 다음 뜨거울 때 틀에서 꺼내고 가루설탕을 체에 담아 솔솔 뿌려 낸다.

**재료**

| | |
|---|---|
| 우리밀 통밀가루 | 100g |
| 베이킹파우더 | 1/2작은술 |
| 버터 | 100g |
| 달걀 | 2개 |
| 설탕 | 90g |
| 레몬 껍질 | 1/2~1개 |
| 가루설탕 | 약간 |

### ◎ 버터가 잘 섞이게 하려면

녹인 버터가 따뜻할 때 달걀 거품에 넣어 살살 섞어야 부드러운 맛을 느낄 수 있다. 녹인 버터가 아래로 가라앉으니 반죽을 바닥에서부터 뒤집어 올리듯이 섞어야 반죽이 고루 섞인다.

# 오렌지머핀

부드러운 컵케이크 반죽에 설탕에 조린 신선한 오렌지를 넣어 오렌지의 풍미와 향이 가득한 컵케이크로 하나씩 들고 먹기에도 좋고, 오렌지가 얹혀 있어서 모양도 예쁘다. 왁스가 칠해지지 않은 청견이나 한라봉을 사용해도 좋고 해당 과일이 없으면 귤로 대신해도 된다.

1 오렌지는 소금으로 문질러 씻어서 얇게 썬 다음 설탕과 물을 넣고 중불에서 7~8분 정도 조린다. 중간 중간 냄비를 흔들면서 조리고 다 조려지면 차게 식힌다. 반죽에 섞을 용으로 껍질이 많은 것을 한 장 골라 잘게 다져 놓는다.

2 버터는 실온에 두어 부드럽게 녹이고, 밀가루와 베이킹파우더는 체에 두세 번 내린다.

3 볼에 녹인 버터를 넣고 크림 상태로 거품을 계속 내면서 설탕을 두 번에 나누어 넣은 후 달걀 푼 것, 우유 순서로 넣어 잘 섞는다.

4 3의 반죽에 체 친 밀가루를 넣고 칼로 자르듯이 섞는다. 반죽이 거의 섞이면 다져 놓은 오렌지 조림을 넣어 가볍게 섞는다.

5 머핀 틀에 머핀 컵을 하나씩 꽂고 반죽을 8부 정도 담는다.

6 200도로 예열된 오븐에 넣어 10분 정도 구운 다음 꺼내어 오렌지 조림을 한 장씩 얹고 다시 10분 정도 더 굽는다.

## 재료

| | |
|---|---|
| 버터 | 60g |
| 우리밀 통밀가루 | 100g |
| 베이킹파우더 | 1/2큰술 |
| 설탕 | 60g |
| 달걀 | 1개 |
| 우유 | 4큰술 |

### 오렌지 조림

| | |
|---|---|
| 오렌지 | 1/2개 |
| 소금 | 약간 |
| 설탕 | 30g |
| 물 | 1/4컵 |

## 🌀 오렌지는 흔들어 조려야

오렌지 조림을 만들 때는 설탕을 넣고 냄비의 손잡이를 흔들어 가며 중불에서 은근히 조린다. 주걱으로 저으면 설탕이 하얗게 굳고, 오렌지 모양도 흐트러져서 예쁘지 않다.

# 브라우니

시판되는 대부분의 초콜릿은 코코아 버터 대신 식물성 트랜스지방에 코코아 가루와 향을 더한 것.
식품첨가물과 카페인, 엄청난 설탕까지 있어 아이에게 주기 꺼림칙하다.
초콜릿을 좋아하는 아이를 위해 코코아 버터와 코코아 가루로 만들어진 리얼 초콜릿으로
브라우니를 만들어 주자.

1  호두는 160도로 예열된 오븐에서 10분 정도 구워서 굵직하게 다진다.

2  초콜릿은 곱게 다져서 버터와 함께 중탕으로 녹인다.

3  볼에 달걀을 넣고 충분히 거품을 내다가 설탕을 넣어서 계속 거품을 낸다.
   여기에 중탕으로 녹인 초콜릿과 버터를 넣고 함께 섞는다.

4  3에 밀가루와 베이킹파우더를 같이 체에 내려 넣고 주걱으로 자르듯이
   섞은 후 밀가루가 약간 보일 때 다진 호두를 넣고 섞는다.

5  사각 팬 크기에 맞추어 유산지를 깔고 위로 브라우니 반죽을 붓는다.
   팬을 탁탁 쳐서 표면을 편평하게 만든다.

6  170도로 예열된 오븐에 넣어 30분 정도 굽는다. 한 김 식으면 먹기 좋은
   크기로 잘라 담는다.


### 🌀 고소하게 미리 굽는 호두

호두는 예열된 오븐에서 구우면 맛이 훨씬 고소하고 갈색도 제대로 살아
난다. 특히 냉장고에 있던 호두는 구워야 기름 냄새를 없앨 수 있다.

# 대추잣화전

화전은 계절의 향취를 한껏 만끽할 수 있는 떡이다.
진달래가 한창인 봄에는 진달래화전을, 여름에는 노란 장미전을, 가을에는 국화전을 부치고
꽃이 귀한 때에는 대추나 잣, 쑥갓 잎을 이용하여 고명을 만든다.

1 찹쌀은 다섯 시간 불린 뒤 체에 담아 물기를 빼고 소금 간을 한 다음
  가루를 낸다.
2 찹쌀가루는 끓는 물로 익반죽해 고루 치댄 뒤 직경 5센티미터 정도의
  둥글고 납작한 모양으로 빚는다.
3 대추는 물에 씻은 후 물기를 없애고 돌려 깎아 씨를 없앤 뒤 다시 돌돌
  말아 둥글게 자른다. 잣은 고깔을 떼고, 쑥갓 잎은 작게 떼어 놓는다.
4 달군 프라이팬에 기름을 두른 뒤 찹쌀 빚은 것을 서로 붙지 않게 놓고
  지진다. 아래쪽이 반 정도 익으면 한 번 뒤집은 다음 대추와 잣, 쑥갓
  잎을 고명으로 얹고 수저로 살짝 눌러 붙인다.
5 다 지진 화전은 접시에 담고 쌀조청을 끼얹어서 낸다.

**재료**

| | |
|---|---|
| 찹쌀 | 1컵 |
| 소금 | 약간 |
| 대추 | 3개 |
| 잣 | 2큰술 |
| 쑥갓 잎 | 약간 |
| 올리브오일 | 1큰술 |
| 쌀조청 | 1/4컵 |

### 고명이 살아있는 화전

고명을 얹은 후 수저로 너무 누르면 떡이 납작해져 예쁘지 않다. 고명이
떨어지지 않을 정도로만 누른다. 떡 전체가 약간 부푼 듯이 윗면이 올라
오면 다 익은 것이다.

# 삼색경단

작고 귀여운 찹쌀경단은 쫄깃하면서도 부드러운 맛을 낸다.
찹쌀가루를 익반죽한 뒤 둥글게 빚어 다양한 고물을 묻혀 만드는데
여러 가지 색깔의 고물을 이용하면 보는 재미도 줄 수 있다.

**재료**

| | |
|---|---|
| 찹쌀 | 2컵 |
| 소금 | 약간 |
| 잣 | 2큰술 |
| 카스텔라 | 1/2개 |
| 참깨 | 1/4컵 |
| 검은깨 | 1/4컵 |

1 찹쌀은 다섯 시간 불린 뒤 체에 담아 물기를 빼고 소금 간을 한 다음 가루를 낸다.

2 찹쌀가루는 끓는 물로 익반죽한 뒤 끈기가 생길 때까지 오래오래 치댄다.

3 찹쌀 반죽을 2센티미터 굵기로 가래떡처럼 길게 늘인 다음 2센티미터 폭으로 잘라 손바닥에 놓고
　잣을 하나씩 박아서 경단을 빚는다.

4 카스텔라는 윗면의 갈색 부분을 떼어내고 체에 내려 가루로 만들고, 참깨와 검은깨는 볶은 것으로 준비한다.

5 끓는 물에 경단을 넣고 삶는다. 경단이 익어서 떠오르면 불을 중불로 하여 그대로 2~3분간 더 익힌다.
　그래야 속까지 익어 씹는 맛이 매끈하다. 익은 경단은 꺼내 얼른 찬물에 담가 차게 식힌다.

6 접시에 카스텔라 가루, 참깨, 검은깨 고물을 각각 담고 익은 경단을 굴려 고물을 고루 묻힌다.


### 🌀 찹쌀 반죽은 갈라지지 않게

찹쌀가루를 익반죽한 다음에 충분히 치대야만 반죽이 갈라지지 않는다. 물기를 꼭 짠 행주를 덮어 두거나
비닐봉지에 넣어 두면 가루에 수분이 충분히 스며들어 반죽이 매끈해지고 갈라지지 않는다.

# 땅콩쿠키

땅콩버터를 넣어 고소하고 향긋한 맛이 나는 쿠키로
윗면에 포크로 모양을 내어 우툴두툴 재미난 질감을 그대로 살렸다.
땅콩버터 대신 땅콩을 갈아서 넣으면 씹히는 맛도 좋다.

1 밀가루와 베이킹파우더는 체에 두세 번 내린다.
2 자연 해동시킨 버터에 땅콩버터를 넣고 거품기로 충분히 저어 주다가
  설탕을 넣고 크림 상태가 될 때까지 젓는다.
3 2에 달걀을 넣어 거품을 내다가 충분히 거품이 생기면 체 친 가루를
  넣어 칼로 자르듯이 섞는다.
4 오븐 팬에 기름종이를 깔고 반죽을 한 숟갈씩 놓은 다음 포크로 살짝
  눌러서 모양을 낸다.
5 180도로 예열된 오븐에서 15분간 굽는다.

### 🔘 바삭바삭한 쿠키

버터나 달걀을 넣어 만든 쿠키 반죽에 가루를 섞을 때는 칼로 자르듯이
가볍게 반죽해야만 바삭바삭한 맛이 산다. 반죽을 너무 치대면 반죽에
찰기가 생겨 바삭하지 않다.

**재료**

| | |
|---|---|
| 우리밀 통밀가루 | 200g |
| 베이킹파우더 | 1/2작은술 |
| 버터 | 70g |
| 땅콩버터 | 130g |
| 설탕 | 90g |
| 달걀 | 1개 |

Coo
kie

# 모양쿠키

가장 기본적인 쿠키 반죽에 아이들이 좋아하는 틀로 모양을 찍어 만드는 쿠키이다.
숫자 모양, 동물 모양, 도넛 모양 등 다양한 틀을 이용하여 재미있게 만들 수 있다.
예쁘게 포장하면 작은 선물로도 좋다.

**재료**

| | |
|---|---|
| 우리밀 통밀가루 | 120g |
| 아몬드파우더 | 50g |
| 버터 | 70g |
| 가루설탕 | 45g |
| 달걀 | 1/2개 |
| 장식용 잼 | 약간 |

1 밀가루와 아몬드파우더는 체에 두세 번 내린다.
2 자연 해동시킨 버터에 가루설탕을 넣고 저은 후 달걀을 넣고
  크림 상태로 거품을 낸다.
3 2에 체 친 가루를 넣고 가볍게 섞어 반죽을 만든다.
4 도마 위에 밀가루를 뿌리고 밀대로 반죽을 3밀리미터 두께로 민다.
5 반죽 위에 모양 틀을 얹어 모양을 찍어낸다.
6 오븐 팬에 찍은 반죽을 담고 180도로 예열된 오븐에서 15분간 굽는다.
7 쿠키가 한 김 식으면 잼을 발라 예쁘게 장식한다.

### 쿠키 반죽은 조심조심

쿠키 반죽을 오래 치대면 쿠키가 딱딱해져서 부드러운 맛이 없어진다.
손으로 오래 치대지 않도록 조심한다.

# 조청, 비만과 당뇨병 걱정 없는 건강한 달콤함

LOHAS People

**전통  조청  제조장인  이원복**

혀끝을 매혹하는 단맛은 인류가 탄생한 이래 끊임없이 추구했던 맛이다. 수천 년 동안 몸의 에너지원을 본능적으로 찾는 과정에서 단맛에 대한 선호 현상이 생겼고, 이 습관은 지금까지도 이어져 내려오고 있다. 단맛을 선호하는 것 자체가 잘못된 것은 아니다. 문제는 문명의 이기로 탄생한 정제당들. 자연에서 얻을 수 있는 천연 당분들은 모두 미네랄과 기타 영양성분을 담고 있는 반면, 정제당들은 혀끝의 달콤함에만 치중한 나머지 건강에 좋은 것들은 모두 걸러 버렸다. 게다가 과학의 발달로 인공감미료까지 생기며 인체에 유해한 단맛들까지 넘치는 실정이다. 믿고 먹을 만한 음식이 없는 시대, 우리 고유의 '단맛'을 살리기 위해 발 벗고 나선 이가 있다. 10년째 울진의 산기슭에서 전통 조청만을 만들어 온 조청 명인 이원복 장인을 만나 보았다.

예부터 벌이 만든 자연의 꿀을 '청淸'이라고 불렀고, 꿀의 형태로 만든 달콤한 천연감미료를 '조청造淸', 즉 인공적인 꿀이라고 불렀다. 우리 조상들은 곡물을 엿기름으로 발효시켜 조청을 만들어 요리에 이용하는 방식으로 식생활에 필요한 당분을 얻어 왔다. 조청은 흔히 보는 백설탕처럼 당분을 정제하고 표백한 것이 아니므로 당분과 함께 풍부한 미네랄을 섭취할 수 있다. 옛날에는 집에서 다들 만들어 사용했던 조청. 이원복 장인 또한 어려서부터 어머니가 만든 조청을 먹으며 자랐다고 한다.

"저희 어머니가 원래 손맛이 좋으신 분이셨어요. 음식도 참 맛깔스럽게 하셨죠. 겨울이면 감기에 걸리지 말라고 며칠 동안 가마솥에 붙어 조청을 만들어 한 숟갈씩 떠먹여 주셨는데, 그게 그렇게 맛있을 수가 없었어요. 지금도 조청 만들 때 그 맛을 떠올리면서 만들 정도니까요."

실패도 여러 번 했지만, 어머니의 맛을 기억해 내려는 간절한 마음은 결국 이뤄졌다.

"만드는 과정을 공개할 수 있을 정도로 진실 되게 만드는 것이 중요합니다. 가스불로 하면 참나무의 향이 가마솥을 통해 전달되지 않죠."

공장에서 대량 생산되는 조청과 인공 물엿이 난무하는 가운데 재래식으로 조청을 만들겠다고 결

심한 건 쉬운 일이 아니었다. 조청을 재래식으로 만든다는 것 자체가 손이 많이 가는 일인데, 조청의 성격상, 들인 품에 비해 생산물은 적은 편이다. 그렇게 해서는 돈벌이가 되지 않는다며 주위에서 말리는 소리도 귀에 딱지가 앉게 들었다.

## 전통 조청의 뿌리는 어머니의 손맛

"그만두라고 한 사람이 한두 명이 아니었죠. 그래 봤자 누가 알아주느냐며 조청 만드는 일을 할 거면 적당히 물엿 타서 속여 가며 하라는 사람도 있었어요. 하지만 절대 굴하지 않았죠. 굳이 돈을 바라고 한 일도 아니었거든요. 사라져 가는 우리 전통 조청을 다시금 살려 내서 우리 아이들 세대에게도 이 맛을 보여 주고 싶었습니다."

그 결심 그대로 이원복 장인은 작은 것 하나까지 신경 쓰며 조청을 만들었다. 이원복 장인의 일터에는 가마솥 세 개가 덩그마니 있다. 기계를 사용하면 더 많은 양을 단숨에 만들 수도 있지만 그는 끝까지 가마솥만 고집한다.

"이건 어머니께서 당부하신 거예요. 어머니는 가마솥으로 만들지 않는 조청은 다 가짜라고 하시던 분이셨거든요. 저도 그 생각에 동의하고요."

가마솥만이 아니다. 들어가는 재료도 깐깐하게 따진다. 조청에 들어가는 모든 재료는 처음부터 끝까지 모두 국산 유기농. 만드는 과정도 만만치 않다. 재래식 그대로 따라가기 때문에 눈길, 손길이 가지 않는 과정이 없다.

조청 만드는 과정은 갓 나온 수수를 찜통에 찌는 것부터 시작한다. 원래는 수수와 조릿대만 찌지만 이원복 장인은 약이 되는 조청을 만들기 위해 도라지와 무까지 넣고 찐다. 가마솥에서 대여섯 시간 푹 찌는 와중에 영양소가 우러나와 조청에 밴다고 한다. 푹 찐 재료 중 건더기만 걸러낸 다음 수수밥과 엿기름을 넣고 또 열두 시간 정도

삭힌다. 재료들이 숙성되면 조청을 짜서 다시 가마솥에 여덟 시간 정도 졸인다. 이때 화력이 좋고 불 조절이 잘되는 참나무를 이용하면 조청의 맛을 한층 끌어올릴 수 있다. 고아낸 원료는 수수밥과 엿질금을 넣고 옹기에 넣어 숙성시킨 후 다시 물을 짜서 가마솥에 넣어 끓인다. 이 복잡한 과정 내내 이원복 장인은 계속 붙어서 끊임없이 조청을 젓고, 상태를 확인하고, 불을 조절한다.

"우리 조청은 참나무로 불을 때서 만들어요. 잘 마른 참나무는 불이 강한 반면에 연기가 많이 나지 않고 불 조절도 쉬운 편이죠. 그래서 굴뚝에는 연기가 많이 보이지 않아요. 무엇보다 불 조절이 중요하기 때문에 가마솥 앞에 한 번 앉으면 엉덩이를 뗄 수가 없답니다."

이원복 장인이 만들어 낸 조청은 투명한 빛깔에 많이 달지 않은 맛이 특징. 물엿, 요리당 등 조청 대

신 쓰이는 감미료보다 훨씬 덜 달고 깊은 맛이 난다. 그렇다면 원래 조청은 그렇게 달지 않은 걸까?

## 자연의 리듬에 맞춘 슬로푸드

"자연에서 뽑아 정제하지 않은 당분은 그렇게까지 달지 않아요. 게다가 영양분도 고스란히 섞여 있습니다. 칼로리도 적은 데다 혈당도 많이 올라가지 않아요. 당분을 먹을 때 가장 주의해야 하는 것이 혈당의 비정상적 상승입니다. 설탕이나 인공감미료를 먹으면 혈당이 수직 상승하고, 이것을 해결하는 과정에서 인슐린 과다 분비로 당뇨병에 걸리게 되거든요. 자연을 그대로 담은 조청은 혈당을 인위적으로 높이지 않아요. 몸이 적응할 수 있을 정도로 서서히 올라갔다가 다시 서서히 내려오죠. 이게 자연의 속도랍니다."

그렇다면 그 '자연의 속도'에 맞추어 살려고 노력하는 사람, 즉 조청을 사는 사람들은 어떤 사람일까.

"처음엔 사려는 분들이 별로 없었지만 지금은 대기 리스트가 밀려 있을 정도로 많은 분들이 원하고 계세요. 그 중에서도 약초 조청의 경우엔 기관지에 무척 좋은 데다 식빵에 잼 대신 발라 먹을 수 있어 아이들 간식으로 찾는 분이 많답니다. 그 밖에도 병을 치유하려고 하시는 분들이나 인공감미료에 민감한 분들이 저희 조청을 자주 찾고 있지요."

조청 하나만으로도 바쁜 이원복 장인은 최근 새로운 꿈을 꾸기 시작했다. 일터인 왕피천 생태계 보전지역 내에 있는 폐교를 활용해 만든 '친환경 약초 조청 체험학교'에 많은 사람들이 찾았으면 하는 바람이란다. 자연 재료를 직접 손질한 후 가마솥 옆에 붙어 앉아 불을 조절하고 주걱으로 저으며 조청을 만드는 신선한 체험은 누구나 신청만 하면 참여할 수 있다.

"전통 조청 기술이 제 대에서 끝나지 않기를 바라는 마음에서 체험학교를 시작했습니다. 한 명이라도 더 많은 분들이 참여해서 우리 조청의 우수성과 발전 가능성을 알아 주셨으면 좋겠어요."

이원복 장인은 도시 사람들에 대한 당부도 덧붙였다.

"요즘은 속도전이 생명이라지만 음식에는 속도전이 꼭 좋은 것만은 아니랍니다. 전통적인 음식은 대부분 여유로운 템포로 천천히 진행돼요. 다른 건 몰라도 음식만큼은 조금 느리더라도 정석을 밟아 제대로 만들어 내고, 소비자들도 그 시간을 즐겁게 기다려 줬으면 합니다. 그게 내 몸을 살리면서 이 세상도 살리는 방법이니까요."

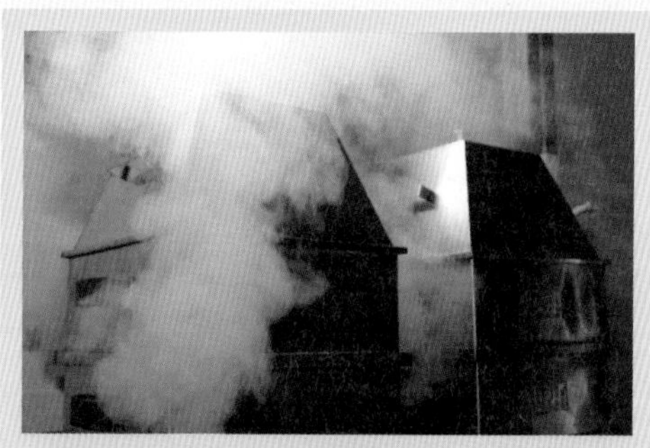

**왕비천하늘조청** 경북 울진군 근남면 구산3리 136-2번지
- 홈페이지 : www.jocheong.co.kr
- 상품 및 체험학교 문의 : 054-783-7837

# 외식하는 기분 내는 특별한 간식

패스트푸드를 먹으려는 아이들과 실랑이하지 말고
건강한 재료로 직접 만들어 보자.
어린 친구들을 초대한 작은 파티에도
분위기를 살릴 수 있는 외식 요리 재현.

# 식빵피자

도우 대신 식빵을 이용하여 간편하게 만드는 피자이다.
토핑을 올릴 땐 아이가 좋아하는 재료를 모두 넣어 보자.
보기에도 소담하고, 맛도 좋고, 영양도 풍부한 피자가 탄생할 것이다.

## 재료

| | |
|---|---|
| 식빵 | 4조각 |
| 올리브오일 | 2큰술 |
| 방울토마토 | 6개 |
| 양송이버섯 | 2개 |
| 블랙올리브 | 5개 |
| 삶은 옥수수 | 5큰술 |
| 브로콜리 | 80g |
| 모차렐라 치즈 | 150g |

### 토마토소스

| | |
|---|---|
| 토마토 | 1개 |
| 올리브오일 | 1큰술 |
| 다진 마늘 | 1작은술 |
| 다진 양파 | 1/2개 |
| 육수 | 1/2컵 |
| 월계수 잎 | 1장 |
| 오리가노 | 1/2작은술 |
| 설탕 | 약간 |
| 소금 | 약간 |

1 식빵의 윗면에 올리브오일을 살짝 발라 놓는다.

2 방울토마토는 꼭지를 떼고 반으로 자르고, 양송이버섯은 모양을 살려 얇게 썬다.

3 블랙올리브는 둥글게 썰고, 삶은 옥수수도 체에 밭쳐 물기를 뺀다. 브로콜리는 끓는 물에 데쳐 찬물에 담갔다 건진다. 모차렐라 치즈는 잘게 다져 놓는다.

4 토마토는 껍질을 벗기고 갈라 씨와 과즙을 빼고 과육만 남긴다.

5 팬에 올리브오일을 두르고 마늘과 양파 다진 것을 볶다가 토마토를 넣고 함께 볶는다. 재료가 충분히 볶이면 육수를 붓고 월계수 잎과 오리가노를 넣어 약한 불에서 끓이다가 걸쭉해졌을 때 설탕, 소금으로 간한다.

6 식빵 위에 토마토소스를 바르고 준비한 토핑 재료를 고루 얹은 다음 모차렐라 치즈를 얹는다.

7 200도로 예열된 오븐에 넣어 노릇하게 구워 낸다.

### ⚙ 토마토소스는 시큼하지 않게

소스를 만들 때 토마토를 넣고 충분히 볶아 주어야 토마토의 신맛이 날아가 부드러운 맛이 난다.

# 표고버섯간장떡볶이

매운 것을 잘 못 먹는 아이들을 위해 집에서 숙성시킨 간장으로 떡볶이를 만들어 보자.
표고버섯에는 버섯의 독특한 감칠맛을 내는 구아닐산이 많이 들어 있다.
표고버섯과 간장의 독특한 향과 감칠맛이 어우러진 떡볶이가 매운 떡볶이와 다른 깊은 맛을 낸다.

1 현미 가래떡은 2~3센티미터 크기로 자른다. 단단하게 굳었을 때는
  끓는 물에 소금을 넣고 데친 다음 물기를 빼 둔다.
2 표고버섯은 기둥을 떼고 채 썰고, 양배추도 단단한 부분을 잘라 내고
  굵직하게 채 썬다.
3 당근과 피망은 손질하여 가늘게 채 썰고 양파는 다진다.
4 팬에 올리브오일을 두르고 다진 마늘과 양파를 넣어 볶다가 현미
  가래떡과 당근, 양배추를 넣어 볶는다. 여기에 간장과 청주, 쌀조청을
  넣은 다음 물을 넣어 끓인다.
5 떡에 양념이 잘 배면 표고버섯과 피망을 넣어 살짝 더 볶은 다음 소금
  으로 간한다.

### 가래떡은 말랑말랑하게

가래떡이 굳었을 때는 끓는 물에 데쳐 말랑하게 만든 다음 요리한다.
딱딱한 떡을 그대로 넣으면 양념이 속으로 잘 배어들지 않고 시간도
오래 걸린다.

**재료**

| | |
|---|---|
| 현미 가래떡 | 250g |
| 표고버섯 | 3장 |
| 양배추 | 3잎 |
| 당근 | 50g |
| 피망 | 1/2개 |
| 양파 | 1/2개 |
| 올리브오일 | 1큰술 |
| 다진 마늘 | 1작은술 |
| 간장 | 2큰술 |
| 청주 | 1큰술 |
| 쌀조청 | 1큰술 |
| 물 | 1컵 |
| 소금 | 약간 |

# 너트치킨핑거

부드러운 닭 안심을 빵가루와 견과류에 묻혀 튀겨 딥소스에 찍어 먹는다.
기름을 여러 번 되풀이해서 사용하는 시중의 치킨보다
더 고소하고 건강한 맛을 느낄 수 있다.

## 재료

| | |
|---|---|
| 닭 안심 | 200g |
| 청주 | 1큰술 |
| 생강즙 | 1작은술 |
| 소금 | 약간 |
| 얇게 썬 땅콩 | 2큰술 |
| 얇게 썬 호두 | 2큰술 |
| 빵가루 | 1컵 |
| 우리밀 통밀가루 | 1/2컵 |
| 달걀 | 1개 |
| 튀김기름 | 적당량 |

## 딥소스

| | |
|---|---|
| 플레인 요구르트 | 1통 |
| 식초 | 1큰술 |
| 꿀 | 1큰술 |
| 머스터드소스 | 1작은술 |

1 닭 안심은 힘줄을 잘라 낸 후 길이로 반을 자르고 가늘게 썰어 청주와 생강즙, 소금을 넣고 밑간한다.
2 얇게 썬 땅콩과 호두는 빵가루에 넣고 고루 섞는다.
3 플레인 요구르트에 분량의 재료를 넣고 섞어 딥소스를 만든다.
4 밑간한 닭 안심에 밀가루를 바르고 달걀물을 입힌 다음 땅콩과 호두를 넣은 빵가루를 고루 입힌다.
5 170도로 예열된 튀김기름에 4의 닭 안심을 넣어 노릇하게 튀겨 낸다.
6 한 김 식으면 그릇에 담고 딥소스를 곁들여 낸다.

### ⊚ 손가락 굵기의 튀김으로

튀김옷을 입혀 튀기면 두꺼워지는 것을 감안해서 처음부터 닭안심을 가늘고 길게 잘라 튀긴다.

# 과일샌드위치

샌드위치 식빵에 아이들이 좋아하는 치즈와 과일을 넣어서 만드는 간편 샌드위치이다.
아이들과 나들이 갈 때 싸가기도 좋고, 간식 시간에 간편하게 만들 수 있는 점도 좋다.
아이들이 좋아하는 치즈와 과일을 선택해서 다양하게 응용해 보자.

1 샌드위치 식빵은 면포에 싸서 실온에 잠시 두어 약간 단단하게 만든다.
2 플레인 요구르트에 복분자와 꿀을 넣고 곱게 갈아서 스프레드소스를
  만든다.
3 바나나는 껍질을 벗기고 얇게 썰고, 오이도 소금으로 문질러 씻은 다음
  적당한 길이로 자른다.
4 샌드위치 식빵은 토스터기에 살짝 구운 다음 한 면에 스프레드소스를
  바르고 그 사이에 얇게 썬 치즈와 바나나, 오이를 넣는다.
5 면포로 살짝 싸서 잠시 두었다가 적당한 크기로 자른다.

**재료**

| | |
|---|---|
| 샌드위치 식빵 | 4장 |
| 바나나 | 1개 |
| 오이 | 1/2개 |
| 소금 | 약간 |
| 천연 치즈 | 40g |

**스프레드소스**

| | |
|---|---|
| 플레인 요구르트 | 3큰술 |
| 복분자 | 2큰술 |
| 꿀 | 약간 |

### 🍩 단단하게 굳은 식빵으로

갓 구운 샌드위치 식빵은 너무 부드러워서 잘랐을 때 뭉치거나 빵이 납작
해지기 쉽다. 실온에 두어 겉면이 단단해진 식빵으로 만드는 게 좋다.

# 납작핫도그

첨가물이 없는 소시지를 작게 잘라 튀겨 내는 건강 핫도그로
담백한 맛이 있는 콩소시지로 튀겨도 맛있다.
너무 커서 위에 부담을 주는 핫도그보다 작고 아기자기한 핫도그가 아이들 간식에는 제격.

**재료**

| | |
|---|---|
| 소시지 | 100g |
| 사과즙 | 2큰술 |
| 우리밀 통밀가루 | 100g |
| 베이킹파우더 | 1/2작은술 |
| 소금 | 약간 |
| 설탕 | 25g |
| 달걀 | 1/2개 |
| 우유 | 2큰술 |
| 튀김기름 | 적당량 |

1 소시지는 체에 받치고 뜨거운 물을 끼얹어 표면에 묻어 있는 기름기를 제거한 후 물기를 완전히 없애고 적당한 크기로 자른다. 통째로 튀길 수 있는 작은 소시지면 윗면에 칼집을 낸다.

2 손질한 소시지에 사과즙을 뿌려 맛을 낸다.

3 밀가루와 베이킹파우더, 소금, 설탕은 체에 두세 번 내린다.

4 볼에 달걀을 넣어 충분히 거품을 낸 후 우유를 넣고 거품기로 젓는다. 여기에 체 친 가루들을 넣어 칼로 자르듯이 가볍게 섞는다.

5 물기를 뺀 소시지는 꼬치에 끼워 밀가루를 살짝 묻힌 다음 4의 반죽을 입힌다.

6 170도의 튀김기름에 핫도그를 넣고 노릇하게 튀겨 낸다.

### ⊚ 첨가물 조심!

예쁜 색깔을 내는 발색제 아질산나트륨과 산화방지제인 인산염은 소시지에 흔하게 사용되는 첨가물. 첨가물 성분표를 자세히 살펴보며 첨가물이 없는 건강한 소시지를 고른다.

**재료**

| | |
|---|---|
| 소금 | 1큰술 |
| 마른 스파게티 | 150g |
| 신선한 바질 잎 | 2장 |

토마토소스

| | |
|---|---|
| 양파 | 1/4개 |
| 셀러리 | 1대 |
| 당근 | 30g |
| 토마토 | 3개 |
| 올리브오일 | 1큰술 |
| 다진 마늘 | 1/2큰술 |
| 월계수 잎 | 1장 |
| 소금 | 약간 |

1 양파와 셀러리, 당근은 각각 손질하여 곱게 다진다.

2 잘 익은 토마토는 껍질을 벗기고 굵직하게 썬다.

3 팬에 올리브오일을 두르고 다진 마늘을 먼저 볶다가 양파와 당근, 셀러리를 넣어 색이 노릇해지도록 볶는다.
  향과 단맛이 나면 불을 약하게 하여 타지 않도록 주의하면서 충분히 볶는다.

4 3에 토마토와 월계수 잎을 넣고 중불에서 은근히 끓인다. 맛이 어우러지면 소금으로 간한다.

5 넉넉한 물에 소금을 넣고 가열하다 물이 끓으면 스파게티를 넣어 삶는다.
  면의 굵기에 따라 포장지에 표시된 시간을 지켜 삶는다.

6 따뜻하게 데워 놓은 토마토소스에 스파게티를 넣고 소스가 잘 섞이도록 잠시 두었다가
  그릇에 담아 바질 잎을 얹어서 낸다.

### ⊙ 색도 맛도 진한 토마토소스

토마토소스를 끓이면 생기는 거품을 걷어 내면 보기엔 깨끗해 보이지만 색과 맛이 줄어든다.
거품이 생기더라도 걷어 내지 않아야 맛도 좋고 소스 색깔도 붉어지며 스파게티가 더 맛있어 보인다.

# 토마토소스 스파게티

잘 익은 토마토로 승부하는 채식 스파게티로 셀러리가 지중해의 맛을 내는데 한 몫 해 준다.
토마토소스를 직접 만들어 밀봉해 두면 맛있는 피자소스로도 쓸 수 있다.

# 알감자구이

수분이 많고 녹말과 당분의 함량이 적어 담백한 감자는
조리하는 방법이 다채로워 아이들이 싫증 내지 않고 맛있게 즐길 수 있는 간식 재료.
감자 본연의 맛을 즐길 수 있도록 담백하게 구워서 간식으로 이용해 보자.

**재료**

| | |
|---|---|
| 알감자 | 250g |
| 브로콜리 | 80g |
| 붉은 파프리카 | 1/4개 |
| 노란 파프리카 | 1/4개 |
| 양파 | 1/4개 |
| 올리브오일 | 1큰술 |
| 버터 | 1/2큰술 |
| 파머산치즈 | 1큰술 |

1 알감자는 껍질을 벗기고 반으로 자른 다음 찬물에 담갔다 건진다.
2 브로콜리는 송이를 떼어 끓는 물에 데친 다음 찬물에 헹구어 놓는다.
  파프리카와 양파도 네모나게 자른다.
3 팬에 올리브오일을 두르고 알감자와 양파를 넣고 볶은 다음 그라탱
  용기에 담는다.
4 3에 파프리카와 브로콜리, 버터를 넣고 가볍게 섞는다.
5 200도로 예열된 오븐에 4를 넣고 10분 정도 구워 낸다.
6 감자가 뜨거울 때 파머산치즈를 갈아 넣고 가볍게 섞어 낸다.

🌀 **전분을 없애고 바삭하게**
알감자는 찬물에 담갔다 건져 전분을 없앤 다음 구워야 바삭하고 맛있다.

# 야채해시브라운

채 썬 감자에 여러 가지 채소를 넣고 팬케이크처럼 구운 간식이다.
감자의 담백한 맛과 구운 채소의 달고 고소한 맛이 어우러져서 아이들이 좋아한다.
평소에 채소를 잘 안 먹는 아이라면 잘게 썰어 바삭하게 구워 준다.

**재료**

| | |
|---|---|
| 감자 | 2개 |
| 양파 | 1/4개 |
| 붉은 파프리카 | 1/2개 |
| 양송이버섯 | 3개 |
| 다진 파슬리 | 1큰술 |
| 녹말가루 | 적당량 |
| 소금 | 약간 |
| 흰후춧가루 | 약간 |
| 올리브오일 | 2큰술 |

1 감자는 껍질을 벗기고 가늘게 채 썰어 찬물에 담갔다 건진다.

2 양파와 붉은 파프리카도 가늘게 채 썰어 각각 찬물에 담갔다 건진다.

3 양송이버섯은 모양을 살려서 썬다.

4 감자의 물기를 빼고 양파와 붉은 파프리카, 양송이버섯, 다진 파슬리,
　녹말가루, 소금, 흰후춧가루를 넣고 잘 섞는다.

5 4를 둥글게 뭉쳐서 팬에 올리브오일을 두르고 노릇하게 지져 낸다.

### ◎ 부서지지 않는 해시브라운

녹말가루를 넣어 반죽을 섞으면 해시브라운이 부서지지 않고,
서로 잘 엉겨 붙어서 팬에서 지지기 편하다.

# 호두떡맛탕

가래떡의 쫄깃한 맛과 맛탕의 달콤한 맛에 고소한 호두까지 곁들였다.
여러 질감의 식재료를 탐험할 수 있는 간식.
가래떡을 밑간해서 튀기면 고소하게, 밑간 없이 마른 팬에 구워 만들면 담백하게 즐길 수 있다.

## 재료

| | |
|---|---|
| 가래떡 | 200g |
| 참기름 | 1작은술 |
| 설탕 | 1작은술 |
| 간장 | 1/2큰술 |
| 녹말가루 | 약간 |
| 튀김기름 | 적당량 |
| 호두 | 30g |

맛탕 시럽

| | |
|---|---|
| 조청 | 2/3컵 |
| 설탕 | 1/3컵 |
| 올리브오일 | 1큰술 |

1 가래떡은 3센티미터 길이로 자르고 참기름, 설탕, 간장을 넣고 밑간한다. 단단할 때는 끓는 물에 넣어 부드럽게 만든 다음 밑간한다.

2 밑간한 가래떡에 녹말가루를 살짝 묻힌 다음 170도의 튀김기름에 노릇하게 튀긴다.

3 호두는 팬에 기름을 두르지 않고 살짝 볶는다.

4 냄비에 조청과 설탕, 올리브오일을 넣고 살짝 끓여서 시럽을 만든다.

5 시럽에 노릇하게 튀긴 가래떡과 호두를 넣고 가볍게 섞는다.

### ⊚ 젓지 말고 기다리자

시럽을 만들 때 주걱이나 숟가락으로 저으면 설탕의 결정체가 생겨서 하얗게 굳으며 단단해지기 때문에 젓지 않고 끓이는 게 좋다.

# 콩과 해산물로 만드는 건강 간식

육류와 달리 건강한 지방이 많으면서
단백질에 미네랄까지 풍부한 콩과 해산물은
한 끼 식사대용으로도 손색이 없는 건강 간식이다.
담백한 맛으로 특별함을 더한다.

# 요구르트소스 연두부냉채

부드러운 연두부에 버섯과 닭 가슴살을 얹고 상큼한 요구르트소스를 뿌려서 먹는 냉채다.
단호박을 넣어 맛을 더한 연두부를 쓰면 고운 색도 얻을 수 있어 일석이조.

**재료**

| | |
|---|---|
| 단호박연두부 | 1/2모 |
| 닭 가슴살 | 1/2개 |
| 청주 | 1작은술 |
| 소금 | 약간 |
| 당근 | 30g |
| 황금팽이버섯 | 30g |
| 브로콜리 | 30g |

요구르트소스

| | |
|---|---|
| 플레인 요구르트 | 2큰술 |
| 식초 | 1작은술 |
| 사과즙 | 1작은술 |
| 양파즙 | 1작은술 |

1 단호박연두부는 사방 3센티미터 크기로 네모나게 자른다.

2 닭 가슴살은 청주와 소금으로 밑간한 다음 끓는 물에 삶아서 가늘게 찢는다.

3 당근은 가늘게 채 썰고, 황금팽이버섯은 밑동을 자른다. 브로콜리도 송이를 떼어 당근, 팽이버섯과 함께 끓는 물에 데친 후 찬물에 헹군다.

4 볼에 분량의 재료를 넣고 섞어 요구르트소스를 만든다.

5 접시에 단호박연두부를 담고 그 위에 닭 가슴살과 당근, 팽이버섯, 브로콜리를 얹은 다음 소스를 끼얹어 낸다.

### 🍳 닭 가슴살 빨리 삶기

닭 가슴살은 도톰해서 삶을 때 시간이 오래 걸리는데 나무꼬치로 여러 번 찔러 준 다음 끓는 물에 삶으면 시간을 줄일 수 있다.

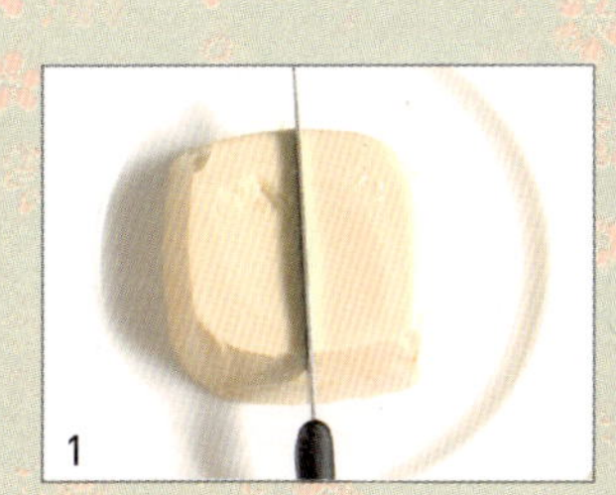

# 메밀가루가자미살구이

메밀은 쌀이나 밀보다 필수 아미노산이 더 풍부한 곡식이다.
부드러운 가자미살을 과일즙으로 밑간하고 소화가 잘 되는 메밀가루를 묻혀 구으면
촉촉하면서도 감칠맛 나는 생선살 구이가 완성된다.

**재료**

| | |
|---|---|
| 가자미살 | 200g |
| 소금 | 약간 |
| 흰후춧가루 | 약간 |
| 사과즙 | 2큰술 |
| 메밀가루 | 1/3컵 |
| 올리브오일 | 1큰술 |
| 푸른 채소 | 약간 |

1 가자미살은 살로만 포를 떠서 사방 4센티미터 크기로 자른다.

2 가자미살에 소금과 흰후춧가루, 사과즙을 넣고 부드럽게 밑간한다.

3 밑간한 가자미살에 메밀가루를 입혀서 20분 정도 냉장고에 넣어 둔다.

4 달구어진 프라이팬에 올리브오일을 두르고 3의 가자미살을 얹어 양면이
노릇해지도록 굽고 푸른 채소를 곁들여 낸다.

### ◎ 메밀가루가 떨어지지 않게

가자미살에 메밀가루를 묻혀서 바로 구우면 가루가 떨어져서 지저분해
진다. 메밀가루를 묻혀서 잠시 두고 메밀가루가 촉촉해지면 굽는다.

# 두부스테이크

두부를 두껍게 썰고 팬에서 노릇하게 지져 버섯과 간장소스를 끼얹어 먹는 간식이다.
고기 스테이크보다 담백하고 중국요리보다 깔끔하다.
외국에서까지 건강식품의 으뜸으로 꼽히는 두부는 필수아미노산이 많아
성장기 아이들에게 좋다.

1  두부는 2센티미터 두께로 썰어 소금을 살짝 뿌려 둔다.

2  팽이버섯은 밑동을 자르고 물에 씻어 준비하고, 양송이버섯과 표고버섯도 손질하여 모양을 살려 썬다. 피망은 씨를 빼고 채 썬다.

3  팬에 기름을 두르고 피망과 버섯을 넣고 살짝 볶은 후 소금으로 약하게 간한다.

4  두부의 물기를 닦아 프라이팬에 기름을 두르고 앞뒤로 노릇하게 지진다.

5  냄비에 분량의 재료를 넣고 끓여 소스를 만든다.

6  노릇하게 지진 두부를 접시에 담고 피망과 버섯 볶은 것을 얹은 후 소스를 끼얹어 낸다.


## 녹말가루로 노릇하고 야무지게

두부를 팬에서 지질 때 양면에 녹말가루를 묻히면 두부의 색깔도 더 노릇해져서 먹음직스럽게 보이고 두부가 잘 부서지지 않는다.


**재료**

| | |
|---|---|
| 두부 | 1/2모 |
| 팽이버섯 | 1/3개 |
| 양송이버섯 | 2개 |
| 표고버섯 | 1개 |
| 피망 | 1/2개 |
| 소금 | 약간 |
| 올리브오일 | 1큰술 |

**간장소스**

| | |
|---|---|
| 간장 | 2큰술 |
| 물녹말 | 2큰술 |
| 청주 | 1큰술 |
| 참기름 | 1작은술 |
| 생강가루 | 약간 |

# 연두부된장스튜

부드러운 연두부와 새우살에 된장을 넣고 끓여서 만든 스튜는 따끈따끈하게 먹을 수 있는 간식이다.
토종 음식 된장이 맛깔난 스튜로 변해 아이들 입맛을 사로잡는다.
짜지 않게 끓여야 더 고소한 맛이 산다.

1 새우살은 소금물에 흔들어 씻은 후 굵직하게 다져 놓는다.
2 대파는 곱게 다지고, 청경채와 당근은 굵직하게 썰어 놓는다.
3 팬에 기름을 두르고 대파와 다진 마늘, 당근을 넣어 볶다가 새우살을
  넣어 볶는다.
4 여기에 된장과 청주, 간장, 육수를 넣은 다음 연두부를 숟가락으로
  뚝뚝 떠 넣는다.
5 맛이 어우러지면 청경채를 넣고 참기름으로 향을 더한다.

### 🌀 연두부는 먹음직스럽게 살려서
스튜에 연두부를 넣은 후 숟가락으로 젓지 말고 잠깐 더 끓여야 연두부
덩어리가 그대로 남아 있어서 먹음직스럽다.

**재료**

| | |
|---|---|
| 새우살 | 100g |
| 대파 | 1/2대 |
| 청경채 | 1개 |
| 당근 | 30g |
| 올리브오일 | 1큰술 |
| 다진 마늘 | 1작은술 |
| 연한 된장 | 1큰술 |
| 청주 | 1큰술 |
| 간장 | 1/2큰술 |
| 육수 | 1컵 |
| 연두부 | 1/2모 |
| 참기름 | 약간 |

# 모듬콩 크레페

프랑스식 얇은 팬케이크인 크레페에 여러 가지 콩을 달콤하게 조려서 곁들인다.
크레페에 조린 콩을 싸서 먹어도 재미있다. 여러 가지 알록달록한 색깔의 콩을 사용하면
콩을 싫어하는 아이라도 호기심을 내며 다가올 것이다.

**재료**

| | |
|---|---|
| 올리브오일 | 1큰술 |
| 완두콩 | 3큰술 |
| 검은콩 | 3큰술 |
| 당근 | 30g |
| 볶은 땅콩 | 3큰술 |
| 조청 | 1큰술 |
| 설탕 | 1큰술 |
| 물 | 2큰술 |
| 버터 | 약간 |

**크레페 반죽**

| | |
|---|---|
| 우리밀 백밀가루 | 45g |
| 버터 | 20g |
| 달걀 | 1개 |
| 우유 | 200cc |

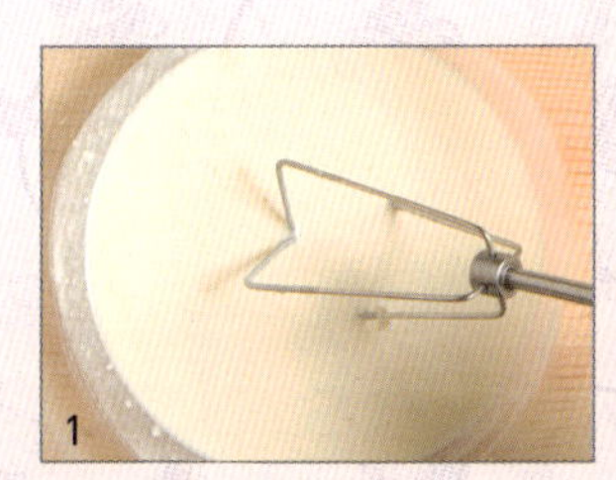

1 밀가루는 체 치고 버터는 중탕해서 녹인다. 볼에 달걀을 푼 다음 우유를 반만 넣고 체 친 밀가루를 넣어 잘 섞는다.

2 1에 나머지 우유를 붓고 중탕한 버터를 흩뿌려 넣어 섞은 후 체에 내려서 실온에 30분간 둔다.

3 팬에 올리브오일을 두르고 데친 완두콩과 검은콩, 당근을 넣고 볶다가 볶은 땅콩과 조청, 설탕, 물을 넣고 조린다.

4 달군 프라이팬에 버터를 두르고 크레페 반죽을 넣어 얇게 부쳐 낸다.

5 그릇에 구운 크레페를 담고 조린 모듬콩을 얹어서 완성한다.


### 따로 삶아 탱글한 콩

완두콩과 검은콩은 익는 시간이 다르므로 조리기 전에 각각 삶아 익혀서 써야 퍼지지 않는다.

# 고등어살크로켓

부드러운 고등어살에 완두콩과 옥수수를 넣고 바삭바삭하게 튀긴 새로운 맛의 크로켓이다.
고소하고 달콤해서 생선살에 잘 어울리는 타르타르소스를 곁들여 맛을 더한다.

**재료**

| | |
|---|---|
| 고등어살 | 200g |
| 완두콩 | 2큰술 |
| 삶은 옥수수 | 2큰술 |
| 달걀 | 1과 1/2개 |
| 녹말가루 | 4큰술 |
| 소금 | 약간 |
| 빵가루 | 1컵 |
| 다진 파슬리 | 1큰술 |
| 통깨 | 1큰술 |
| 밀가루 | 1/2컵 |
| 튀김기름 | 적당량 |

**타르타르소스**

| | |
|---|---|
| 마요네즈 | 1/3컵 |
| 다진 양파 | 1큰술 |
| 다진 피클 | 1큰술 |
| 삶아서 다진 달걀흰자 | 1큰술 |
| 식초 | 1큰술 |
| 설탕 | 1작은술 |
| 소금 | 약간 |

1 고등어살은 믹서에 곱게 갈아 놓는다.

2 완두콩은 끓는 물에 데쳐 준비하고, 삶은 옥수수는 체에 밭쳐 뜨거운 물을 끼얹어 놓는다.

3 볼에 곱게 간 고등어살과 완두콩, 옥수수, 달걀 푼 것 반 개분, 녹말가루, 소금을 넣고 반죽을 잘 섞는다.

4 빵가루에 다진 파슬리와 통깨를 넣어 섞는다.

5 3의 반죽을 둥글게 빚어서 밀가루와 남은 달걀물, 파슬리 빵가루에 순서대로 묻혀서 크로켓을 만든다.

6 분량의 재료로 타르타르소스를 만든다.

7 170도의 튀김기름에 크로켓을 넣어 노릇하게 튀겨 낸다. 한 김 식으면 소스와 함께 접시에 담아낸다.

## 🌸 튀김옷은 꼼꼼하게

달걀물을 묻히기 전에 밀가루를 고루 잘 묻혀야 튀긴 후 튀김옷이 떨어지지 않아 둥근 모양이 산다.

# 대구살튀김

통통한 대구살에 튀김옷을 입혀 노릇하게 튀긴 후에 천연 파머산치즈를 갈아서 뿌려 먹는 생선요리로
쫄깃하게 씹히는 맛이 재미있다. 담백한 맛의 흰살생선은 칼로리가 적어
비만의 위험으로부터도 안전한 편이다.

### 재료

| | |
|---|---|
| 대구살 | 200g |
| 청주 | 1큰술 |
| 사과즙 | 1큰술 |
| 소금 | 약간 |
| 파머산치즈 | 80g |
| 밀가루 | 적당량 |
| 튀김기름 | 적당량 |

### 튀김옷

| | |
|---|---|
| 얼음물 | 1/2컵 |
| 달걀노른자 | 1개 |
| 우리밀 통밀가루 | 1컵 |
| 소금 | 약간 |

1 대구살은 살로만 포를 떠서 청주와 사과즙, 소금을 넣고 밑간한다.

2 파머산치즈는 굵게 갈아 놓는다.

3 얼음물에 달걀노른자를 잘 풀어준 다음 밀가루와 소금을 체 쳐 넣고 가볍게 섞어 튀김옷을 만든다.

4 밑간한 대구살에 밀가루를 바르고 튀김옷을 입힌다.

5 170도의 튀김기름에 4를 넣어 노릇하게 튀겨 낸다. 뜨거울 때 파머산치즈를 뿌려 낸다.

### 치즈가 겉돌지 않게

요리가 식은 후 파머산치즈를 뿌리면 겉돌 수 있으니 대구살튀김이 뜨거울 때 뿌려 치즈가 튀김에 잘 붙게 한다.

# 두부꼬치

삼색의 예쁜 파프리카와 두부를 꼬치에 꽂아 데리야키소스를 발라 구우면
고소한 두부와 파프리카의 신선한 향이 기분을 시원하게 해 준다.
재료를 재미있게 빼 먹을 수 있어 아이들도 좋아한다.

**재료**

| 두부 | 150g |
|---|---|
| 소금 | 약간 |
| 브로콜리 | 80g |
| 노란 파프리카 | 1/2개 |
| 주황 파프리카 | 1/2개 |
| 붉은 파프리카 | 1/2개 |
| 올리브오일 | 1큰술 |

**데리야키소스**

| 청주 | 4큰술 |
|---|---|
| 간장 | 3큰술 |
| 쌀조청 | 2큰술 |
| 설탕 | 2큰술 |
| 물 | 1/2컵 |
| 통마늘 | 4개 |

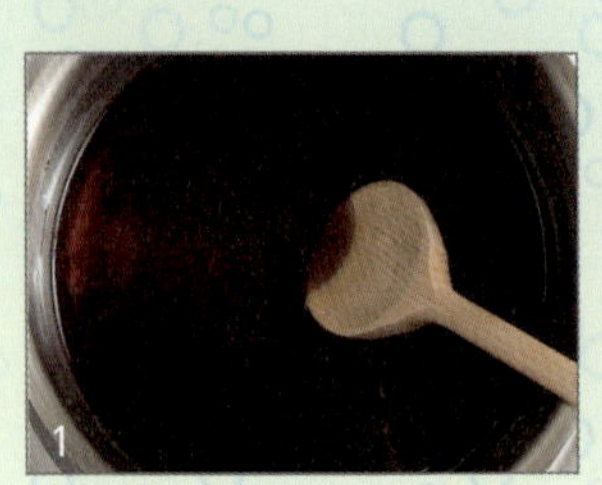

1 데리야키 소스를 만든다. 냄비에 분량의 재료를 넣고 중불에서 은근히 끓여 처음의 2/3 양이 되면 다 된 것이다.

2 두부는 2센티미터 크기로 썰어 소금을 살짝 뿌려 두고, 브로콜리는 송이를 떼어 끓는 물에 데쳐 헹구어 둔다.

3 삼색 파프리카는 씨를 빼고 두부 크기로 자른다.

4 나무꼬치에 두부와 삼색 파프리카, 브로콜리를 보기 좋게 꽂는다.

5 팬에 올리브오일을 두르고 4의 꼬치를 얹어 굽다가 데리야키 소스를 고루 발라가며 노릇하게 굽는다.

### 두부는 소금 뿌려 단단하게

두부는 나무꼬치에 꽂기 전에 소금을 뿌려야 수분이 빠지고 단단해져 꼬치에서 잘 빠지지 않는다.

# 깐풍새우

감칠맛이 나는 새우에 불린 녹말가루를 묻힌 후 튀겨 깐풍소스에 버무린 간식이다.
새우의 껍질에 있는 당분과 단백질이 결합한 당단백질은
익히면 고운 분홍색으로 변해서 색감도 예쁘고 맛도 좋다.

**재료**

| | |
|---|---|
| 불린 녹말 | 1/2컵 |
| 달걀노른자 | 1개 |
| 마른 녹말가루 | 1/4컵 |
| 작은 새우 | 200g |
| 청주 | 1큰술 |
| 양파즙 | 1큰술 |
| 소금 | 약간 |
| 밀가루 | 적당량 |
| 튀김기름 | 적당량 |

**깐풍소소**

| | |
|---|---|
| 올리브오일 | 1큰술 |
| 마른고추 | 1개 |
| 마늘 | 3쪽 |
| 대파 | 1/2대 |
| 간장 | 1과 1/2큰술 |
| 청주 | 1큰술 |
| 설탕 | 1작은술 |
| 참기름 | 1작은술 |
| 후춧가루 | 약간 |

1 녹말가루는 같은 양의 물을 넣고 잘 푼 다음 하룻밤 정도 그대로 두어 불린 녹말을 만든다. 여기에 달걀노른자와 마른 녹말가루를 넣고 튀김옷을 만든다.

2 머리와 꼬리, 껍질을 뗀 작은 새우를 준비하여 물에 씻은 다음 물기를 빼고 청주와 양파즙, 소금으로 밑간한다.

3 밑간한 새우에 밀가루를 약간 묻힌 다음 튀김옷에 넣어 고루 묻힌다.

4 170도의 튀김기름에 3의 새우를 넣고 노릇하게 두 번 튀겨 낸다.

5 뜨겁게 달군 프라이팬에 올리브오일을 두르고 마른고추와 잘게 썬 마늘, 대파를 넣고 볶는다. 매운맛이 나면 마른고추는 건져 내고 간장과 청주, 설탕, 참기름, 후춧가루를 넣고 소스를 만든다.

6 뜨거운 소스에 튀긴 새우를 넣고 고루 버무려서 접시에 담는다.

#### ⊚ 청주와 양파즙

밑간에 쓰는 청주는 새우의 비린 냄새를 없애 주고, 양파즙은 새우의 맛을 부드럽게 한다.

# 건강한 밥상을 차리고 싶은
# 엄마의 마음을 헤아리다

LOHAS Shop

## 행복중심 여성민우회 생협

우리가 추구하는 행복은 소박하면서도 원대합니다.

우리는 안전한 밥상을 원합니다.

우리는 좀 더 깨끗한 물, 좀 더 맑은 공기, 생명이 살아 숨 쉬는 자연 속에서 살고 싶습니다.

그리고 우리는 여성이 당당하고 행복하게 살 수 있는 세상을 꿈꿉니다.

우리는 때로는 섬세함으로, 때로는 담대함으로 세상을 바꾸려 합니다.

우리의 작은 실천은 생태적이고 평등한 삶의 시작이며,

사람에서 사람으로 이어져 전 지구로 확대될 것입니다.

— 행복중심 여성민우회 생협 조합원 선언문 중에서

20년 전에도 간장에 사카린을 넣은 간장회사에 항의 전화를 하고, 햄, 소시지, 치즈에 들어간 방부제와 발색제에 아연실색했던 주부들이 있었다. 그들은 우리 땅에서 농약과 화학비료 사용 없이 농사지은 유기농산물을 먹고 싶어 했고, 식품첨가물을 최소화하여 원재료의 맛을 살린 가공식품을 원했다. 뭘 그리 깐깐하게 구냐는 주변의 타박도 받았지만, 가족의 입에 들어갈 먹을거리인 만큼 제대로 된 음식을 차리겠다는 신념은 끝까지 버리지 않았다. 건강하고 안전한 먹을거리로 식구들의 밥상을 차리고 싶은 그 마음은 20년 전이나 지금이나 한결같다.

## 주부의 마음이 모인 생활협동조합

1989년 안전한 먹을거리에 대한 주부들의 열망이 모여 드디어 여성민우회 생협이 창립되었다. 여성민우회 생협의 활동은 식구들을 위한 '밥상 차리기'에만 그치지 않았다. 먼저 이웃과 나누는 과정부터 시작했다. 한 집에서 다 먹기 힘든 수박과 무등은 이웃과 나누었다. 동네의 5~8가구 정도가 생활재(여성민우회 생협의 물품들)를 함께 공급 받으며 공동체를 이루었다. 그 과정에서 물품들을 아끼는 마음도 생기고 이웃과의 돈독한 정도 쌓여갔다. 사람들은 자연스럽게 마음을 터놓고 삶을 나누며 도시 속의 공동체를 만들어 나갔다. 요즘은 생활재를 개별적으로 배송 받는 시스템으로 바뀌었지만 그 마음만큼은 여전히 남아 지역과 사회의 여성들, 주부들의 고민을 함께 나누고 해결하려고 노력한다.

시간이 지나며 바뀐 것들은 배송 시스템만이 아니다. 창립 때만 해도 여성 경제인구가 많지는 않아 주부 중심의 활동을 전개했지만, 경제활동을 위해 많은 시간을 직장에서 보내는 여성들이 늘어나면서 그들을 위한 대책도 마련해야 했다. 여성들의 생활 형태는 달라졌지만 가족을 책임지는 주부로서의 마음은 여전했기 때문이다. 여성민우회 생협에서는 조합원들의 욕구, 필요, 요구를 모아서 대안을 제시했다. 바로 편리하고 안전한 물품

들을 구비하기 시작한 것. 예전 세대처럼 음식을 일일이 만들어 먹기 힘든 요즘 주부들을 위해, 친환경 원재료를 이용해 깨끗한 환경에서 가공한 김치, 반찬, 국 등의 가공식품을 공급한다. 유기농산물을 통해 농촌이 살고, 환경이 보존되는 것만큼 여성들의 생활이 효율적으로 안정되는 것이 중요하기 때문이다.

## 세상을 바꾸는 생활재

여성민우회 생협의 생활재는 단순한 상품으로 보인다. 음식, 화장품, 생활용품 등, 품목만 보면 일반 마트에서 파는 것과 별 다를 바가 없다. 그러나 이 생활재는 가족의 건강과 행복을 지켜주는 생활 지킴이 역할을 한다. 다른 어떤 물품보다 더 환경을 생각하고 건강을 생각한 물건들이기 때문이다. 여성민우회 생협에서 공급하는 생활재는 까다롭게 선정하고, 엄격하게 관리한다. 조합원에게는 생활재를 누가, 어떻게, 무엇으로 만들었는지 투명하게 제공한다. 농약과 화학비료를 사용하지 않고 재배하는 쌀, 채소, 과일 등 친환경 농산물과 항생제, 성장호르몬제를 사용하지 않고 건강한 환경에서 기른 축산물, 화학첨가물을 쓰지 않고 국내산 재료로 만드는 가공식품, 인체와 환경에 무해한 환경생활용품과 자연화장품 등, 생활에 필요한 물품을 '보다 건강하게, 보다 인간적으로' 만들어서 제공한다. 여성민우회 생협의 생활재에는 자연을 살리고 지속 가능한 세상을 만드는 힘이 있다. 더 나아가 유기농 논에서 자라는 우렁이, 지렁이, 개구리를 보호하고, 제3세계 어린이들의 노동 착취까지도 막아 낼 수 있는 힘, 다시 말해 세상을 바꿀 수 있는 힘을 가지고 있다.

여성민우회 생협은 1989년 220여명의 주부들

로 시작했지만, 20년이 지난 지금은 1만 8천여 명의 여성 조합원이 함께한다. 조합원들은 생활재를 구입, 이용하고 생활재 선정, 바른 식생활 교육, 생협 홍보 등 생협 활동에 참여하게 된다.

### 생활과 육아의 지혜를 나누는 마을모임

조합원들이 삼삼오오 모이는 마을모임도 여성민우회 생협의 자랑거리. 마을모임은 조합원이 월 1회 정도 모여 먹을거리, 육아, 교육, 건강, 문화 등 무궁무진한 주제를 가지고 이야기를 나누는 특별한 자리다. 모인 조합원들의 직업, 주부 생활과 육아 경력이 다양하다 보니 자연스럽게 다양한 생활의 지혜를 나눌 수 있어 많은 호응을 얻고 있다. 마을에서 만나 직접 소통할 수 없는 사람들에게는 여성민우회 생협 홈페이지라는 소통의 장이 마련되어 있으니 이곳을 이용하면 된다. '요리 노하우', '함께 키우는 아이' 등의 게시판을 통해서 조합원 간의 교류가 가능하다. 주부들이 운영하기에 주부 생활에 편의를 더할 수 있는 생활방식을 제안하고 믿을 수 있는 가공식품 생활재 공급에 힘쓰며 마을모임을 통해 끈끈한 유대감과 정을 나누는 여성민우회 생협. 더 나은 세상을 위해 힘쓰는 여성민우회 생협이 앞으로도 더 발전하기를 기대한다.

- **홈페이지** : www.minwoocoop.or.kr
- **대표전화** : 02-581-1675

## 생활재 구입안내

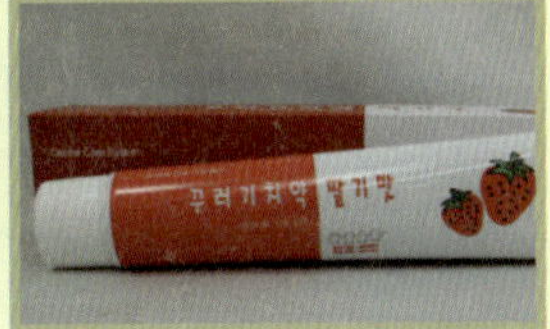

### 인터넷 주문

- **홈페이지**(www.minwoocoop.or.kr)를 통해서 조합원에 가입하면, 주 1~2회 생활재를 공급 받을 수 있습니다. (단, 수도권과 경남 진주만 공급 가능)

### 매장안내

- **여성민우회 생협 행복지역** 02-581-1675
  행복중심 매장 : 개포·반포·잠실·안양 비산
- **고양여성민우회 생협** 031-918-9774
  행복중심 매장 : 덕양·마두·주엽
- **남서여성민우회 생협** 02-2643-5016
  행복중심 매장 : 목동·신정·자연드림 남서여성민우회생협점
- **동북여성민우회 생협** 02-3492-7140
  행복중심 매장 : 방학·중계·창동

Flower
Flo

**재료**

| | |
|---|---|
| 오렌지 | 1개 |
| 소금 | 약간 |
| 딸기잼 | 50g |
| 키위 | 2개 |

**재료**

| | |
|---|---|
| 얼린 홍시 | 3개 |
| 사과 | 1/2개 |
| 얼음 | 200cc |

103

재료
복숭아 ···················· 100g
설탕 ························ 1큰술
플레인 요구르트 ············· 1개

재료
감귤 ······················· 1개
설탕 ························ 1큰술
플레인 요구르트 ············· 1개

# 복숭아요구르트바

플레인 요구르트에 복숭아를 넣어 곱게 간 다음,
모양이 예쁜 틀에 넣어 얼리면 맛도 좋고 재미도 있는 아이스바 완성!
입에 넣었을 때 퍼지는 복숭아 향과 부드럽게 녹는 맛이 좋다.

**1** 복숭아는 껍질을 벗기고 잘게 썰어서 설탕과 플레인 요구르트와 함께 블렌더에 담고 곱게 간다.
**2** 모양이 있는 얼음 틀에 9부 정도 담아서 얼린다.
**3** 요구르트바가 80퍼센트 정도 얼었을 때 막대를 가운데에 꽂아서 더 얼린다.

# 감귤요구르트바

새콤달콤하여 아이들에게 인기가 많은 감귤은 비타민C가 풍부해 감기예방의 효과가 있다.
아이스바를 만들고 남은 귤껍질은 버리지 말고 설탕과 함께 조려
마멀레이드를 만들면 간단한 간식으로 이용할 수 있다.

**1** 감귤은 껍질을 까고 과육만 잘라 설탕과 플레인 요구르트와 함께 블렌더에 담고 곱게 간다.
**2** 모양이 있는 얼음 틀에 9부 정도 담아서 얼린다.
**3** 요구르트바가 80퍼센트 정도 얼었을 때 막대를 가운데에 꽂아서 더 얼린다.

## ◎ 막대가 기울어지지 않게
요구르트바에 처음부터 막대를 꽂으면 막대가 기울어지니
가운데에 잘 서도록 80퍼센트 정도 얼었을 때 막대를 꽂는다.

# 복숭아산딸기셰이크

여름철 싱싱한 복숭아와 산딸기를 우유와 함께 갈면 부드러운 셰이크가 완성된다.
복숭아는 몸의 면역력을 높여 주는 베타카로틴이 많고
산딸기는 항산화작용을 하는 비타민C가 많아 아이들 잔병 걱정도 덜 수 있다.

1 복숭아는 껍질을 벗기고 작게 썬다.
2 산딸기는 깨끗하게 씻어 둔다.
3 블렌더에 얼음을 먼저 넣고 살짝 간 다음 복숭아와 산딸기,
  우유를 넣어서 곱게 간다.
4 차갑게 준비한 컵에 담고 꿀을 섞어 낸다.

**재료**

| | |
|---|---|
| 복숭아 | 2개 |
| 산딸기 | 약간 |
| 얼음 | 약간 |
| 우유 | 1컵 반 |
| 꿀 | 약간 |

# 키위사과셰이크

가을과 겨울에 즐길 수 있는 제철 키위와 사과로 만든 셰이크.
키위의 상큼함과 사과의 달콤함이 어우러져 새콤달콤한 맛을 느낄 수 있다.
특히 키위에는 세라토닌이 많이 들어 있어 기분을 밝게 해 준다.

1 키위와 사과는 껍질을 벗기고 작게 썬다.
2 블렌더에 얼음을 먼저 넣고 살짝 간 다음 키위와 사과, 우유를
  넣어서 곱게 간다.
3 차갑게 준비한 컵에 담고 꿀을 섞어 낸다.

**재료**

| | |
|---|---|
| 키위 | 2개 |
| 사과 | 1/2개 |
| 얼음 | 약간 |
| 우유 | 1컵 |
| 꿀 | 약간 |

## ⊚ 꿀은 마지막에 더한다

셰이크를 만들어서 바로 먹을 때는 꿀을 과일과 함께 갈아 주어도 좋지만
시간이 지난 후에 먹을 경우에는 꿀을 먹기 직전에 넣어야 향이 사라지지
않는다.

복숭아
산딸기
셰이크
키위
사과
셰이크

# 과일초콜릿퐁듀

좋아하는 과일에 녹인 초콜릿을 묻힌 다음 다시 굳혀서 먹는 간식이다.
달콤한 초콜릿의 맛이 과일의 맛을 색다르게 느끼게 한다.
계절에 따라 딸기, 귤, 감 등 다양한 과일로 아이와 함께 만들어 보자.

1 포도와 방울토마토는 잘 씻고, 키위는 껍질을 벗겨 물기를 빼 놓는다.
  파인애플은 원통형으로 자른 뒤 먹기 좋게 토막을 낸다.
2 초콜릿은 곱게 다져 중탕으로 부드럽게 녹인다.
3 과일을 꼬치나 포크에 끼워 녹인 초콜릿을 묻힌 다음 냉장고에 넣고
  차게 식혀 굳힌다.

**재료**

| | |
|---|---|
| 포도 | 8알 |
| 방울토마토 | 8개 |
| 키위 | 1개 |
| 파인애플 | 80g |
| 리얼 초콜릿 | 80g |

**⊚ 초콜릿은 바로 식혀서 바삭하게**

과일에 초콜릿을 묻힌 즉시 바로 차게 식혀 굳혀야 깔끔하고,
씹는 맛이 산다.

토마토
셀러리
주스
당근
잣
주스

# 토마토셀러리주스

독특한 향이 있어 맛을 들이면 자꾸 찾게 되는 채소주스.
셀러리의 향이 부담스럽다면 사과를 넣어 향을 부드럽게 낮춰서 만들어 보자.
색다른 향과 개운한 맛이라 아침 주스로 좋다.

1 토마토와 사과는 껍질을 벗기고 잘게 썰어 놓는다.
2 셀러리도 껍질의 단단한 부분을 약간 벗기고 잘게 썬다.
3 블렌더에 토마토와 셀러리, 사과, 생수를 넣고 곱게 간다.

**재료**

| | |
|---|---|
| 토마토 | 2개 |
| 사과 | 1/4개 |
| 셀러리 | 2대 |
| 생수 | 1컵 반 |

# 당근잣주스

채소주스는 채소의 새로운 맛을 찾는 방법 중 하나.
당근에는 지용성비타민인 비타민A가 많지만 비타민C를 파괴하는 효소도 있으니
비타민C가 많은 과일과 함께 조리하면 효과가 떨어진다.
과일 대신 잣을 넣어 비타민을 살리고 고소한 맛을 더한다.

1 당근은 껍질을 벗기고 작게 썬다.
2 잣은 고깔을 떼고 깔끔하게 장만한다.
3 블렌더에 당근과 잣, 생수를 넣고 곱게 갈고 꿀을 섞어서 낸다.

**재료**

| | |
|---|---|
| 당근 | 300g |
| 잣 | 약간 |
| 생수 | 1컵 반 |
| 꿀 | 약간 |

# 매실청화채

알칼리성 식품인 매실에 풍부한 구연산은 해독 작용과 강한 살균 작용을 한다.
맑고 새콤달콤한 매실청을 자주 섭취하면 여름철에도 식중독을 예방할 수 있다.

**재료**

| | |
|---|---|
| 수박 | 100g |
| 파인애플 | 100g |
| 키위 | 1/2개 |
| 매실청 | 1/2컵 |
| 감귤즙 | 1/2컵 |
| 생수 | 1컵 |
| 얼음 | 약간 |

**1** 수박은 과육으로만 준비하여 씨를 없앤 다음 작고 네모나게 썬다.

**2** 파인애플과 키위도 손질하여 수박과 같은 크기로 자른다.

**3** 수박과 파인애플, 키위를 볼에 담고 매실청을 뿌려 30분 정도 재워 둔다.

**4** 여기에 감귤즙과 생수를 넣어 고루 섞은 후 얼음을 띄워 낸다.

### 🌀 매실로 부드러운 과일화채

과일을 잘게 썰어 매실청을 뿌려 재워 두면 과일에 매실의 맛과 향이 배어서
화채가 향긋하고 부드러워진다.

자연에 사랑을 더하다

# 우리 아이 자연간식

| 펴낸날 | 초판 1쇄 2009년 12월 30일 |
| --- | --- |
| | 초판 2쇄 2013년  6월  14일 |

지은이　방영아
펴낸이　심만수
펴낸곳　(주)살림출판사
출판등록　1989년 11월 1일 제9-210호

주소　경기도 파주시 문발동 522-1
전화　031-955-1350　팩스　031-955-1355
홈페이지 http://www.sallimbooks.com
이메일　book@sallimbooks.com

ISBN　978-89-522-1312-9　13590


* 값은 뒤표지에 있습니다.
* 잘못 만들어진 책은 구입하신 서점에서 바꾸어 드립니다.

# 아이 입맛도 사로잡고 영양도 듬뿍 주는
# 자연 그대로 아이 간식!

몇십 년 전에는 덜 큰 무를 몰래 잡아 빼 숨어 먹는 것,
고구마, 감자, 옥수수를 쪄서 먹는 것이 간식이었죠.
그땐 자연이 품었다 내놓은 것들만 먹어서 탈이 안 났습니다.
하지만 요즘은 고개만 돌리면 인스턴트 식품들 천지죠.
엄마가 직접 아이의 간식을 챙겨 주어야 하는 이유랍니다.
영양이 가득한 자연 재료로 맛깔나게 조리해서 아이들에게 건강을 대물림하는 것,
그게 바로 아이를 위한 최고의 선물 아닐까요.

– 전통 조청 제조장인 이원복